新手易学 服装实用技术丛书

看图学服装打板

贾镇瑜　严圣羽　潘琦明　编著

机械工业出版社
CHINA MACHINE PRESS

本书深入浅出地讲解了服装打板的基础知识及技能，并通过大量女装、男装、童装打板实例。针对流行款式，以图文并茂的形式阐述了如何对款式图进行分析并将之转换成服装纸样的方法。本书所选服装，如连衣裙、女式外套、女式衬衫、男式服装及童装，均具有一定的代表性，便于读者举一反三，活学活用。

本书图文并茂，浅显易懂，既便于读者自学，又可供参加服装打板技能培训的人员使用。

图书在版编目（CIP）数据

看图学服装打板/贾镇瑜，严圣羽，潘琦明编著. —北京：机械工业出版社，2015. 11（2021. 10重印）
（新手易学服装实用技术丛书）
ISBN 978-7-111-52182-2

Ⅰ. ①看…　Ⅱ. ①贾…②严…③潘…　Ⅲ. ①服装量裁—图解
Ⅳ. ①TS941.631-64

中国版本图书馆CIP数据核字（2015）第275040号

机械工业出版社（北京市百万庄大街22号　邮政编码100037）
策划编辑：马　晋　责任编辑：马　晋　周晓伟
责任校对：张　力　责任印制：张　博
保定市中画美凯印刷有限公司印刷
2021年10月第1版第5次印刷
184mm×260mm · 10.25印张 · 203千字
标准书号：ISBN 978-7-111-52182-2
定价：35.00 元

前　言 FOREWORD

服装文化是人类文明进程的一个组成部分，从古至今，人类为了适应不同的气候和地域等自然、社会环境，发展出了服装文化。服装打板及其结构设计和其他自然学科一样是在人类认识自然、改造自然的过程中产生和发展起来的。

现代服装百分之九十以上是工业化生产的产品，人们在服装设计生产过程中发现问题并解决问题，积累了宝贵的经验。我国是服装生产大国，已有半个多世纪的成衣生产经验，服装打板知识及技能随着生产力水平的提高，也在不断发展和变化着。

服装打板是艺术与技术的综合体现，也是将市场流行款式转换成服装纸样并指导服装成品生产的一个重要环节。在此环节工作的人才应具备以下技能：一是能够对流行趋势进行解读，即对设计图稿中服装廓形与设计造型线的理解能力；二是掌握服装打板工艺制作方面的技能。

本书对服装打板实例进行了分析，深入浅出地讲解了服装打板的基础知识及技能。针对流行款式，以图文并茂的形式阐述了如何对款式图进行分析并将之转换成服装纸样的方法。本书所选服装，如连衣裙、女式外套、女式衬衫、男式服装及童装，均具有一定的代表性，便于读者举一反三，活学活用。本书既便于读者自学，又可供参加服装打板技能培训的人员使用。

本书由贾镇瑜、严圣羽、潘琦明编著。苗宇、陈亚亚、诸未杰、沈紫云、陈洋、翁晨潇也在本书的编绘工作中给予了很多帮助，在此表示感谢。由于编者水平有限，本书尚存不足之处，希望广大读者及行业专家给予批评指正。

编　者

目 录 CONTENTS

第二部分 服装打板原理及分析

第三部分 服装经典款型打板及拓展

第五部分 特体服装及服装打板修正

第一部分

服装打板基础

第一章

服装打板基础知识

本章的重点在于掌握服装打板与人体的基本关系，以及人体骨骼的构成方法。服装版型设计必须同时依据人体结构的数据进行，因此服装设计的起点是人的外在着装效果，终点则是依据人体结构进行的产品开发。服装结构设计的实质其实就是研究衣片覆盖人体的方法以及覆盖以后与衣片形成的空间图形。服装结构设计以体现人体形态与运动机能为目的，是对人体特征的概括和归纳。

第一节　人体结构

古往今来，服装总是在跟随着社会文明的尺度去发展和衍变。服装打板是以人体结构为基础进行纸样的制作。服装作为人体的外包装，其结构设计的依据不仅仅是具体款式的数据公式，而应该从人体出发。

人体各部位的长宽比例是人体体型特征的重要内容，骨骼、关节、肌肉是决定人体体型静态的基本因素。人体的比例和人体的轮廓构造特点均与人体的躯干骨骼有着密不可分的联系。因为人体结构的框架是骨骼，所以服装进行结构设计时，必须遵循骨骼的形状和位置，图1-1所示是人体的躯干骨骼与四肢的结构。

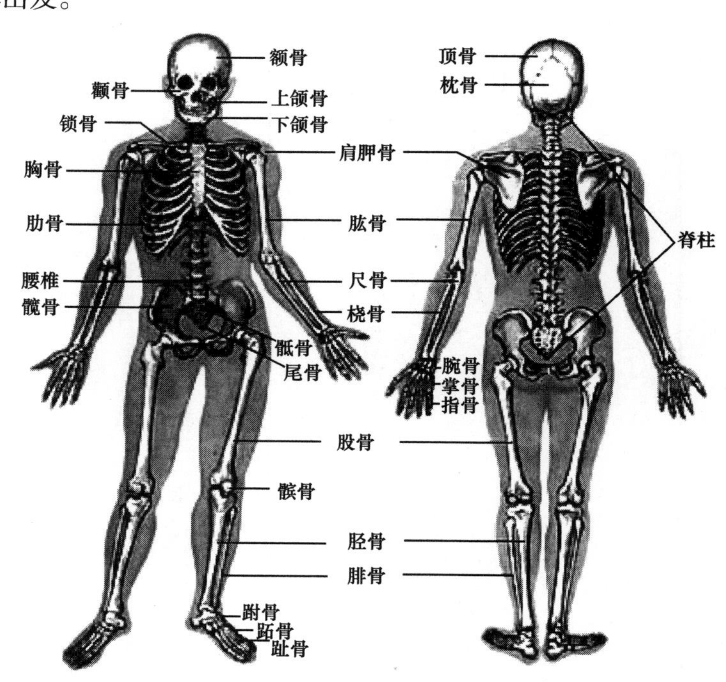

图1-1　人体的躯干骨骼与四肢的结构

人体的躯干主要组成部位与服装结构设计的关系如下：

1. 头部

头部在服装结构设计中涉及比较少，只在帽子或连衣帽衫设计中加以考虑。

2. 躯干

人体服装躯干部以颈、胸、肩、腰、臀五个局部组成。

（1）颈部　颈部是将人体头部与躯干连接在一起的部位。服装领窝线是领部造型结构的参考线。

（2）肩部　肩部在躯干部的上面，以颈的粗细与手臂厚薄为基准，与胸部没有明确的界线。在服装结构设计中肩线部位尤为重要，决定造型的形态风格。

（3）胸部　包括前后胸部，服装结构设计中称胸部的前面为“前胸部”，胸部后面为“背部”，前后胸的分界以肋线为基准，肋线即身体厚度中央线。乳房因性别、人种、年龄、遗传等因素形态各不相同，是服装结构设计中需处理的重点和难点。

（4）腰部　服装结构设计中腰围线在此部位确定，腰部与胸部的差别，影响服装号型的设定，是服装结构造型中重要的参考因素。

（5）臀部　腰线以下至下肢分界线之间为臀部。服装打板中臀部结构的设计直接影响人体在该部位的形态及舒适性。

3. 上肢

人体上肢与肩部的区分是以袖窿弧线为基准线，袖窿弧线为通过肩端点、前腋点、后腋点，穿过腋下的曲线。在服装结构设计和制作中，除要注意上肢的静止形态，还要了解运动中的形态特征，使服装适应上肢活动的规律。

4. 下肢

下肢部位影响着服装中裙装、裤装的长度。从侧腰点到脚踝骨是测量裤长的重要基准点。而膝盖骨是另一个重要的关键点，以它为基准上下取值可以分别确定裙、裤的长度。

了解人体骨骼组成及其与人体测量的关系尤为重要，结构设计必须符合人体的运动结构。因为人体处于运动状态时，骨骼关节是运动的关键，直接影响着人体运动。在服装结构设计中，服装不仅要符合人体外型静态的需求，更要考虑到适应人体活动的要求，要对人体的动态做出充分考虑。适应人体的运动需要是进行服装结构设计必须遵循的原则。对人体运动方式及其规律性的把握，处理好人体运动规律对服装的影响是进行结构设计的关键。

一、对人体比例的认识

将人体立面做以下分解：以腰围线为界的上下两个部分，上半身分别有两个左右对称的胸面、背面，下半身大致分为前后左右四个面，各个面的曲率均有所不同，它们之间联结成结构线条，即人体转折构造线，是服装结构设计的依据，人体线条长度比例对服装比例结构变化起到了决定性作用。

人体的比例是指人体各部位长度、厚度和人体各部位胖瘦的关系，这种关系直接影响着服装的造型。人体比例直接影响着人体对服装功能性的要求，服装比例受人体体型分类、人体动态外形等因素的影响，下面分析服装打板制作时要考虑到人体比例的几个方面：

1. 人体比例影响服装的几个方面

1）人体宽度与高度比例。

2）服装各部位比例。

3）设计时表观比例。

4）制作时实际比例。

2. 人体的长度比例关系

人体比例是人体结构中最基本的因素，常用以头高为度量单位来衡量人体全身及其他肢体高度的“头高比例”。儿童头高占身高的1/5，女性的头高一般占身高的1/8~1/7.5，而成人中男性的头高一般占身高的1/9~1/8，如图1-2所示。

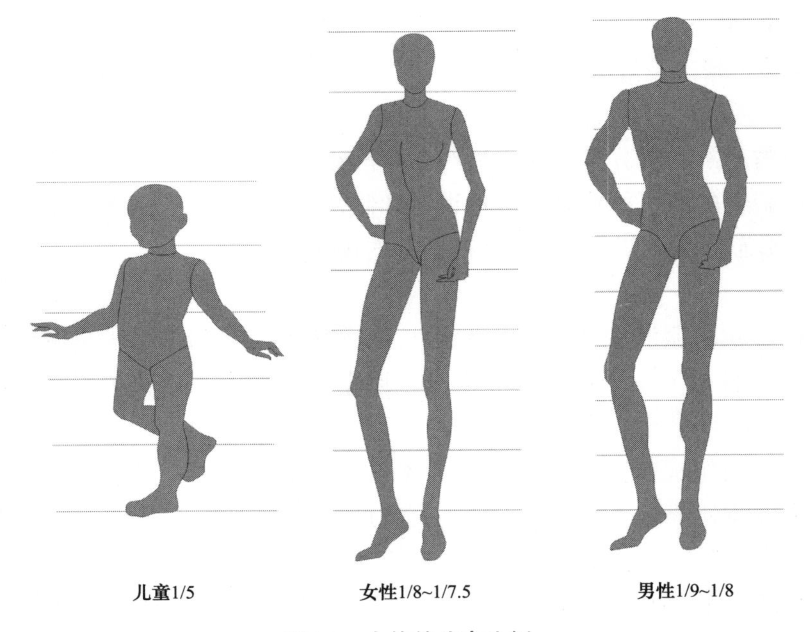

图1-2　人体的头高比例

成年人体的高矮差别，头部最小，躯干次之，腿部最大，所以高矮差别主要表现于腿部。以七头身为标准体，小于七头身的为矮体，大于七头身的为高体。相对男女体型来说，男性的上体较长，下体较短；女性的上体较短，下体较长。在人体成长过程中，长度比例也在发生变化，1~2岁儿童为四头身，2~6岁为五头身，14~15岁为六头身。

二、人体体型分类

服装造型是以人体的体型为基础的，它是依附在人体之上而形成的，绝不可能脱离

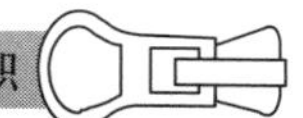

人体而孤立存在。服装每一个局部的形构成了整体服装廓形，其造型必须符合人体各部位的活动需要。我们可以根据人体基本体型而变化产生服装的造型，这种特定的服装造型与人体体型是紧密相连的。

人体体型在人的成长过程中受生理、遗传、年龄、职业、健康原因和生长环境等多种因素的影响不断变化。人体外形轮廓是一个复杂的曲面体，要想把平面的材料做成适合人体曲面的服装，就要对人体曲面进行有规则的分解并做平面展开，剪开部分可作为收省或分割设计的依据，在考虑了一定的舒适量（静态、动态两种）和装饰性功能以后，所得到的平面几何图形就是服装衣片。

人体的体型可有以下几种分类形式：

1. 按整体体型分

（1）标准体　指身体的高度与围度的比例协调，且没有明显缺陷的体型，也称为正常体。

（2）肥胖体　身体矮胖，体重较重，围度相对身高较大，骨骼粗壮，皮下脂肪厚，肌肉较发达，颈部较短，肩部宽大，胸部短宽深厚，胸围大。

（3）瘦体　身材瘦长，体重较轻，骨骼细长，皮下脂肪少，肌肉不发达，颈部细长，肩窄且直，胸部狭长扁平。

2. 按字母形态分（图1-3）

（1）X形体型　俗称“沙漏形”，又叫匀称的体型。尤其对女性来说，这是经典的、理想的、标准的体型。

（2）A形体型　俗称“梨形”，一般是小胸或胸部较平或乳部较上，窄肩，腰部较细，有的腹部突出，臀部过于丰满，大腿粗壮，下身重量相对集中，这样在整体上使下部显得沉重。

（3）H形体型　基本上下一般粗，腰身线条起伏不明显，整体上缺少“三围”的曲线变化。

（4）V形体型　倒三角形的造型。对于男性来说，这是最标准、最健美的体型。

图1-3　按字母形态分类

第二节 服装与人体的关系

服装覆盖在人体表面，人体表面又是凹凸起伏的，而作为服装的衣料，虽有厚薄、粗细以及不同材质等区分，但一般都是比较柔软的。由于重力作用，面料会随着人体结构外形线条向下自然垂落，产生了一个服装与人体在不同部位的亲、疏关系：有的部位是紧身贴体的；有的部位是较贴体的；有的部位是宽松的。贴体部位体型显露，宽松部位则不显。

一般在人体突出的部分，衣服都是紧裹、紧贴人体的，借以把衣服架起来，其受力处为“纵支点”，如颈根、肩膀等部位；凡在人体各侧面的突出部分，衣服多是较合体的，借以向周围把衣服支撑起来，其受阻点为“横支点”，如背、胸、腹、胯、臀等部分，衣服则多是随着“横支点”垂下或者架空在两个支点之间而处于空荡不贴体的状态，如乳下弧线、腰节、腹股沟、臀股沟及上衣下摆、裤子下口等部位。服装的这种紧贴或空荡状态的形成，主要取决于服装的结构。

服装打板不仅仅是对人体外部造型的简单复制，而应该是能简化、平整化处理分解人体复杂的外形轮廓，对人体进行打扮、修饰等。服装要按照人体制作，而又不能完全等同于人体，服装间隙可以为人体创造一个小的体外环境，留存一定松量，使着装者穿着舒适，方便运动。一般的非针织类面料的伸缩性能有限，所以只能靠足够的宽松量来满足人体运动造成的体表变形。服装打板过程中应该充分考虑到人体放松量和运动量的关系。服装打板、结构设计必须满足人体两大功能要求（图1-4）：第一，服装结构设计必须能起到美化人体的功能；第二，服装必须满足人体运动性的功能。

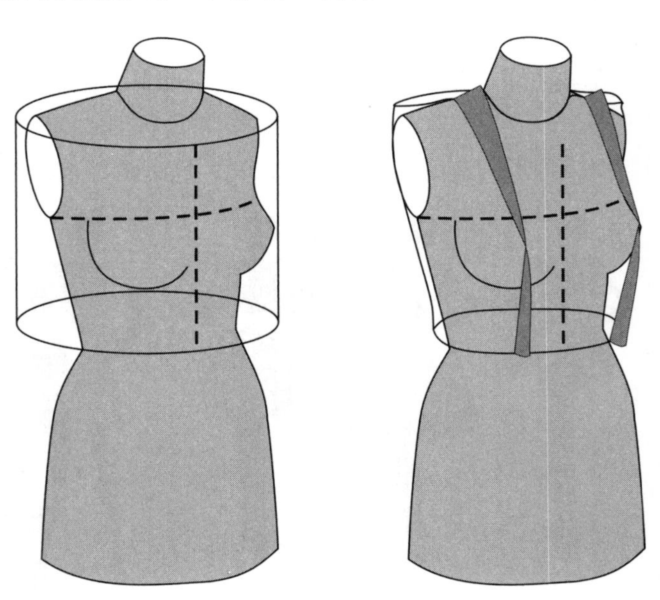

图1-4 服装结构满足人体功能需求

服装的品种和类别很复杂，在我国的服装行业传统分类中有如下分类：

1）按年龄划分：童装、成人装、老年装。

2）按性别划分：男装、女装。

目前国家服装标准的号型系列，也是按男女装进行划分的。男女性别的骨骼差异，个体体型差异等因素都影响着服装打板，下面就以性别分类来分析服装与人体的关系及尺寸的变化。

一、女式服装与人体的关系

从正面观察成年男女体型，女性骨骼较小且平滑。女性的肩部较窄，肩斜度较小，锁骨弯曲度较小，不显著。随着年龄增长和生育等因素影响，乳房发育影响着女性体态结构。青年女性胸部隆起丰满，乳房增大，并逐渐松弛下垂。腰部较窄，臀腹部较浑圆，背部凹凸不明显，脊椎骨弯曲较大，尤其站立时，腰后部弯曲度较明显。臀部较男性发达，从双肩至臀部呈正梯形；女性的胸部隆起，表面起伏比较大，女性盆骨比较宽大，显得腰部以下较发达。对亚洲女性来说，前腰节比后腰节长1~1.5cm。

在体型上，尤其是胸、腰、臀等部位，女装比男装的变化要突出得多；在款式上，女装比男装要复杂得多；在款式流行的时间和变化的速度上，女装的更新速度比男装要快，流行款式的生命周期比男装要短得多。

二、男式服装与人体的关系

男女体型的差别主要在躯干部，主要由骨骼肌肉、脂肪的多少引起。

在男性体型中，骨骼一般较为粗壮和突出，男性的肩胸部骨骼肌肉较大，男性肩部较宽，肩斜度较大，锁骨弯曲度大，胸部比较平坦，胸部横向扩展较多，显得腰部以上较发达。臀部不及女性发达，双肩至臀部呈倒梯形。而腰部较女性宽，背部凹凸明显，脊椎弯曲度较小。正常男性前腰节比后腰节短1.5cm左右。

从肩线至腰节与从腰节至臀围线的连线所形成的两个梯形中观察，男性上大下小，而女性上小下大，男性腰节线较女性腰节线偏低。男性的线条变化弧度要小于女性，服装款式的变化相对于女装要少很多，基本以在经典款式上进行的细微局部变化为主。

女性人体与男性人体的剖面体型特征对比如图1-5所示。

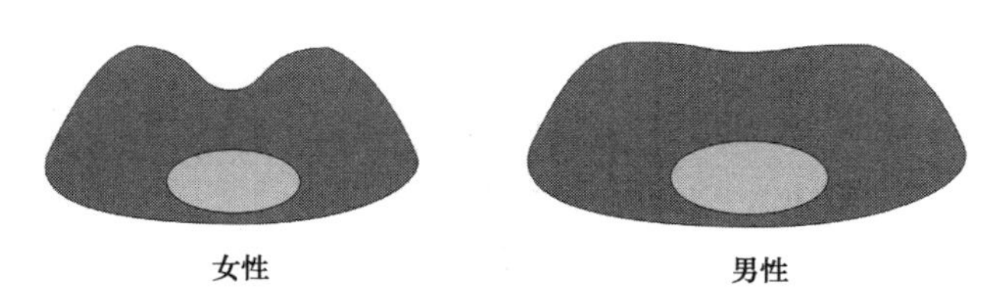

图1-5 女性人体与男性人体的剖面体型特征

第二章

服装打板的尺寸测量及工具

本章的重点在于掌握人体测量与服装测量的关系，以及人体测量方法，为服装打板提供科学可靠的人体尺寸数据，使服装板型纸样能更科学地符合人体要求。

第一节　人体尺寸测量

进行服装打板设计时，人体在静态和动态下的形态特征也是服装结构造型和服装运动功能的制约条件。

一、人体测量方法

对人体进行测量时，被测者应保持正确姿态，便于正确反映被测者的体型特征。

在测量时，要注意观察被测者的体型特征，对特殊部位要记录下来，并加测这些部位的尺寸，使服装对人体有很高的适合度。要掌握好松紧程度，不宜太紧或太松，围度测量时应以能放入一个手指为宜。人体测量的部位及方法见表2-1。

表2-1　人体测量的部位及方法

部位	测量方法
身高	用测高仪垂直测量从头顶到地面的距离
颈椎点高	用测高仪垂直测量从颈椎点到地面的距离
颈椎点高（坐姿）	用测高仪垂直测量从颈椎点到坐立点的距离
臂长	用皮尺测量从肩点到桡骨茎突点的距离
颈围	用皮尺测量经喉结下2cm颈椎点的围长
胸围	用皮尺测量经乳头点的围长
总肩宽	用皮尺测量左右两肩点之间的弧线长
腰围	用皮尺水平测量躯干部位最细部的围长
臀围	用皮尺水平测量臀部向后最突出部位的围长

以人台为例进行测量的部位及方法如图2-1~图2-13所示。

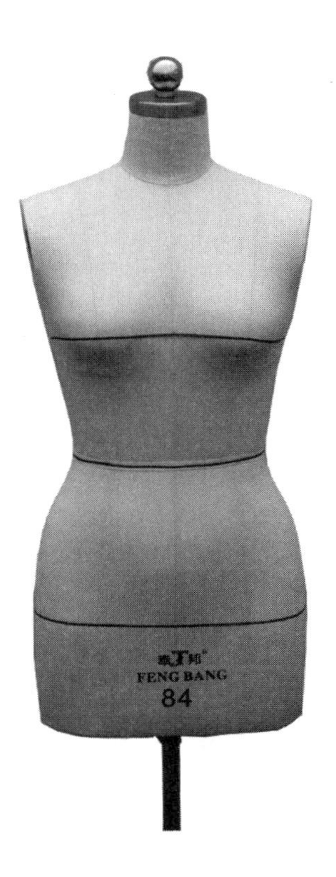

图2-1　人台

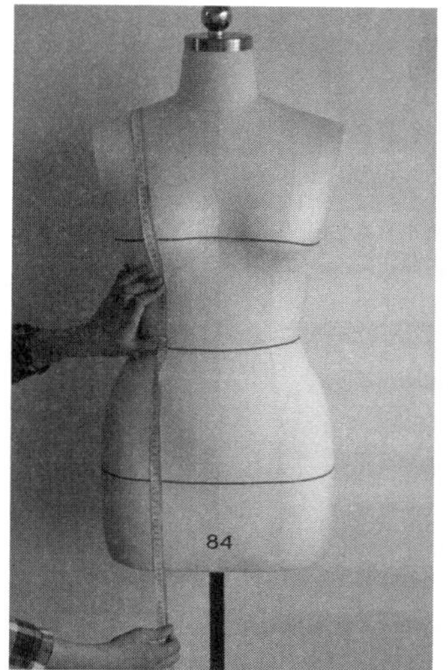

图2-2　身长测量

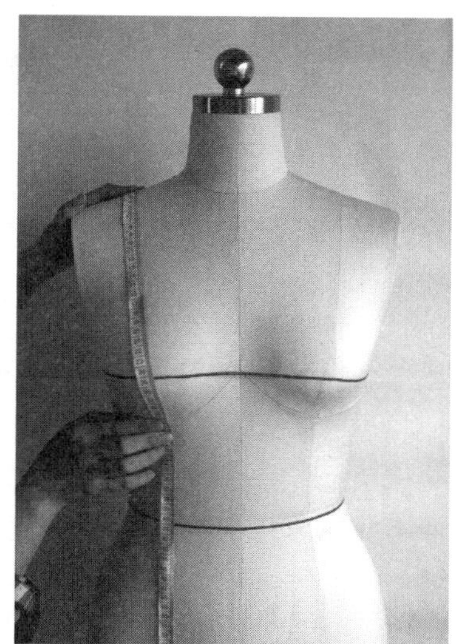

图2-3　胸高测量

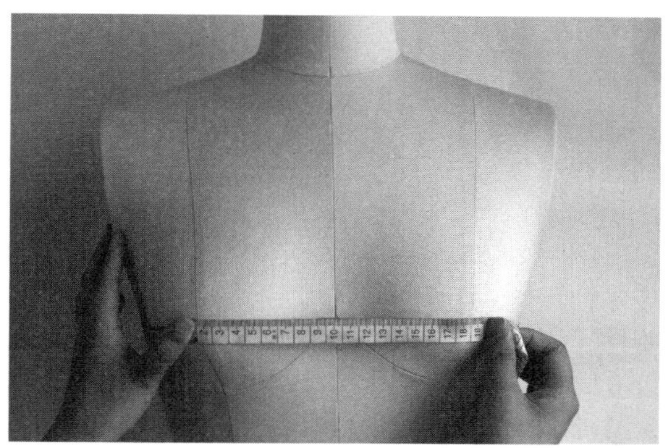

图2-4　胸距测量

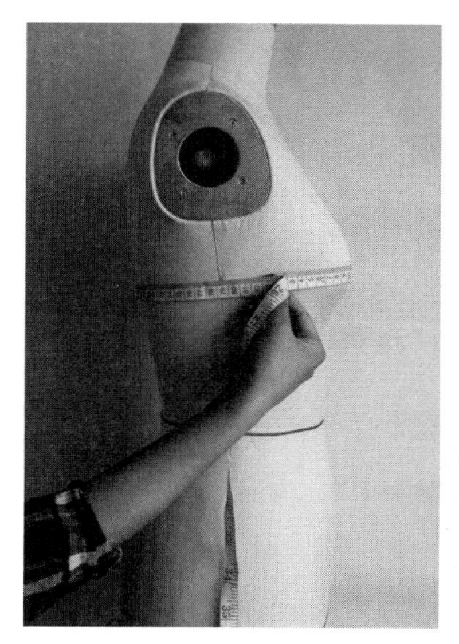

图2-5　胸围测量

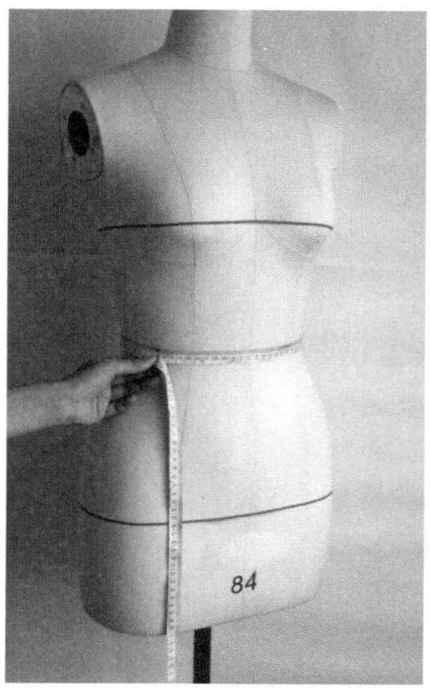

图2-6　腰围测量

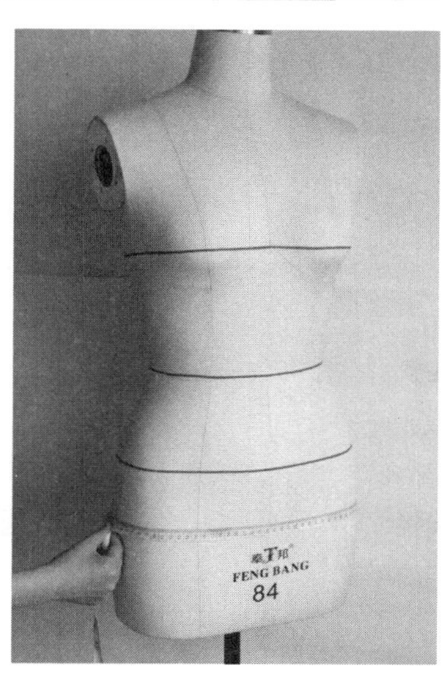

图2-7　臀围测量

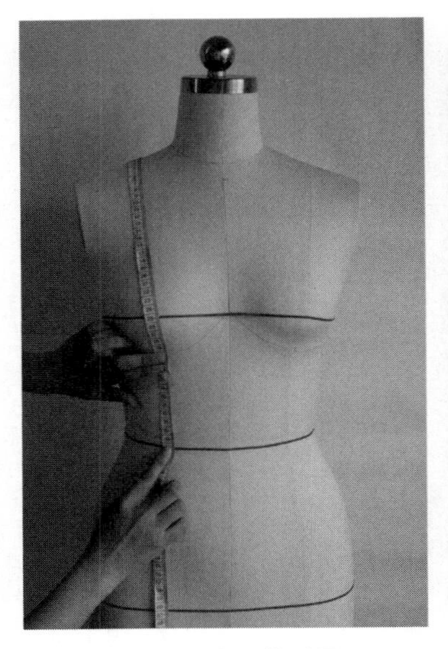
图2-8　前腰节测量

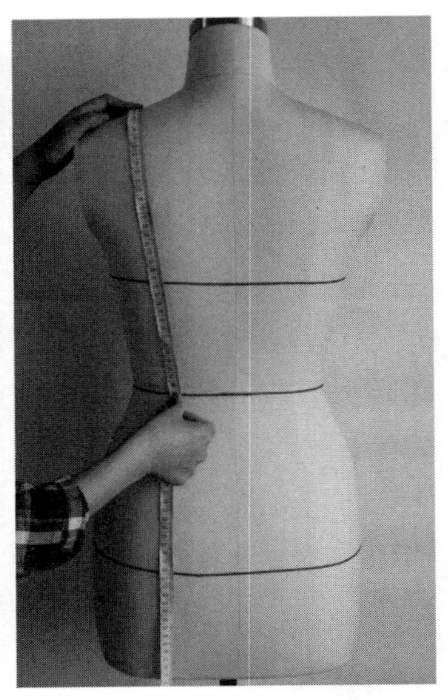
图2-9　后腰节测量

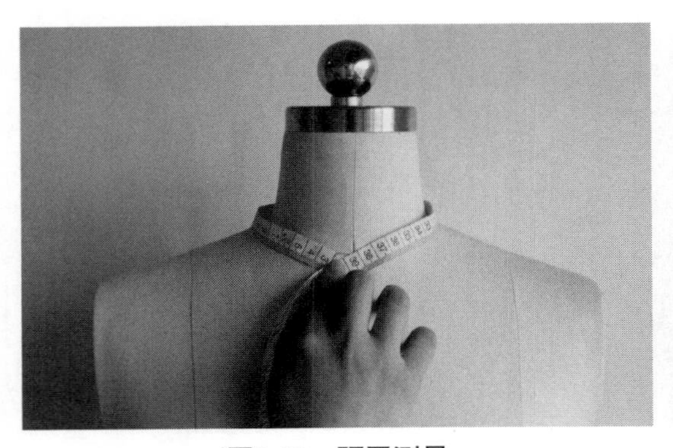
图2-10　颈围测量

图2-11　肩宽测量

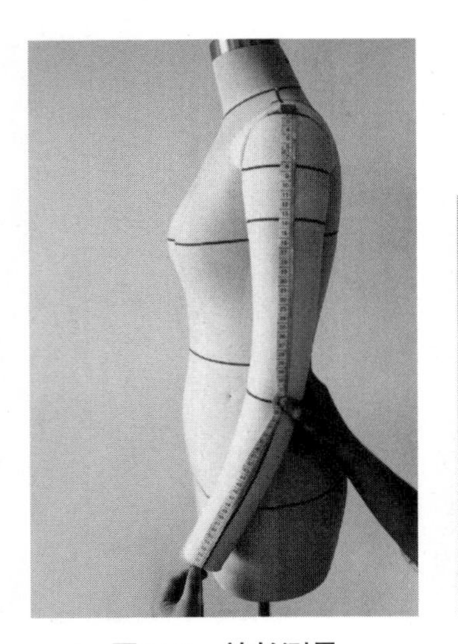
图2-12　袖长测量

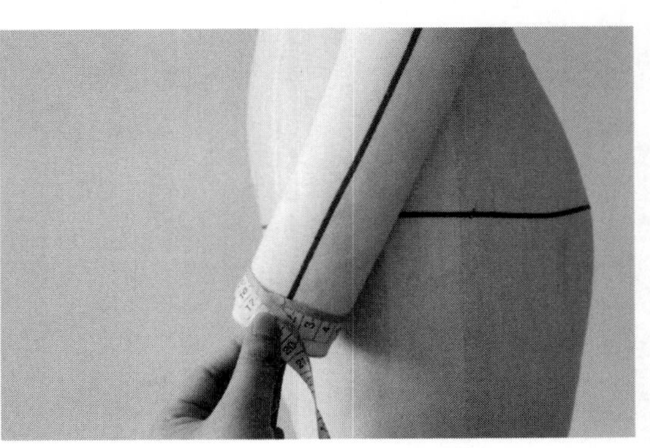
图2-13　袖口测量

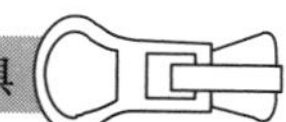

二、人体测量基准点

（1）头顶点　以正确立姿站立时，头部最高点，位于人体中心线上方的地方，是测量身高时的基准点。

（2）颈窝点　颈根曲线的前中心点，前领围的中点。

（3）颈侧点　在颈根的曲线上，从侧面看在前后颈厚之中央稍微偏后的位置。此基准点不是以骨骼端点为标志，所以不易确定。

（4）颈椎点　颈后第七颈椎棘突尖端之点，当颈部向前弯曲时，该点就突出，较易找到，是测量背长的基准点。

（5）肩端点　在肩胛骨上缘最向外突出之点，即肩与手臂的转折点，肩端点是衣袖缝合对位的基准点，也是量取肩宽和袖长的基准点。

（6）前腋窝点　在手臂根部的曲线内侧位置，放下手臂时，手臂与躯干在腋下结合处之起点，是测量胸宽的基准点。

（7）后腋窝点　在手臂根部的曲线外侧位置，手臂与躯干在腋下结合处之终点，是测量背宽的基准点。

（8）胸高点　胸部最高的地方，是服装构成上最重要的基准点之一。

（9）肘点　尺骨上端向外最突出之点，上肢自然弯曲时，该点很明显地突出，是测量上臂长的基准点。

（10）茎突点　也称手根点，桡骨下端茎突最尖端之点，是测量袖长的基准点。

（11）大腿根点　在大腿骨的根部位置，是裙、裤装侧部最丰满处。

（12）膝盖骨中点　膝盖骨之中央。

（13）外踝点　脚踝外侧踝骨的突出点，是测量裤长的基准点。

第二节　服装号型与尺寸规格

一、我国男女装的号型系列

在服装工业生产的样板设计中，服装规格的建立非常重要。它不仅是基础样板不可缺少的，更重要的是在成衣生产过程中，需要在原型样板的基础上，推出不同号型的系列板型，从而满足消费者的需求。

我国服装规格和人体的号型标准是在1981年制定的，1991年进行了修订，1998年进行了第二次修订，使我国的服装号型标准基本上与国际标准接轨。号型的主要内容为人体的基本尺寸，而将成衣尺寸的制定空间留给了设计者。

服装上必须标明号型。套装中的上、下装分别标明号型。号型表示方法是号与型之间用斜线分开，后接体型分类代号，如170/88A。

1）号：指人体的身高，以厘米（cm）为单位表示，是设计和选购服装长短的依据。服装上标明的号的数值表示该服装适合身高与此号近似的人。如170号，适合身高168~172cm的人，以此类推。

2）型：指人体的胸围或腰围，以厘米（cm）为单位表示，是设计和选购服装肥瘦的依据。服装上标明的型和数值及体型分类代号，表示该服装适合胸围或腰围与此型相近似及胸围与腰围之差在此范围之内的人。例如，男式上装88A型，适合胸围86~89cm及胸围与腰围之差在16~12cm之内的人。男式下装76A型适合腰围75~77cm及胸围与腰围之差在16~12cm之内的人。

二、尺寸规格

服装号型是以身高尺寸为号，以胸围尺寸为型。依据我国成年女性（18~55岁）和成年男性（18~60岁）的身高、胸围数据的实际分布设置号型。国家标准根据人体（女性、男性）的胸围与腰围的差数，将体型分为四种类型，它的代号为Y、A、B和C。

1）女性人体的尺寸数据根据体型的不同而存在差异，我国的号型标准中规定的女性体型分类代号及范围见表2-2。号型尺寸和系列规格分别见表2-3和表2-4。

表2-2　女性体型分类代号及范围

体型分类代号	Y	A	B	C
胸围与腰围之差/cm	24~19	18~14	13~9	8~4

表2-3　女式服装号型尺寸　（单位：cm）

号	型						
145		76	80	84			
150	72	76	80	84	88	92	
155	72	76	80	84	88	92	96
160	72	76	80	84	88	92	96
165		76	80	84	88	92	96
170				84	88	92	

表2-4　女式服装部位尺寸系列规格　（单位：cm）

部位	分档数值	数　值						
身高	5	145	150	155	160	165	170	175
颈椎点高	4	124	128	132	136	140	144	148
颈椎点高（坐姿）	2	56.5	58.5	60.5	62.5	64.5	66.5	68.5
臂长	1.5	46	47.5	49	50.5	52	53.5	55

（续）

部位	分档数值		数值													
颈围	0.8		31.2		32		32.8		33.6		34.4		35.2		36	
胸围	4		72		76		80		84		88		92		96	
总肩宽	1		36.4		37.4		38.4		39.4		40.4		41.4		42.4	
腰围	4		58	66	62	70	66	74	70	78	74	82	78	86	82	90
臀围	3.6	3.2	81	83.2	84.6	86.4	88.2	89.6	91.8	92.8	95.4	96	99	99.2	102.6	102.4

2）男性人体的尺寸数据根据体型的不同而存在差异，我国的号型标准中规定的男性体型分类代号及范围见表2-5，号型尺寸和系列规格分别见表2-6和表2-7。

表2-5 男性体型分类代号及范围

体型分类代号	Y	A	B	C
胸围与腰围之差/cm	22~17	16~12	11~7	6~2

表2-6 男式服装号型尺寸 （单位：cm）

号	型						
155		80	84	88			
160	76	80	84	88	92	96	
165	76	80	84	88	92	96	100
170	76	80	84	88	92	96	100
175		80	84	88	92	96	
180				88	92		100
185					92		

表2-7 男式服装部位尺寸系列规格 （单位：cm）

部位	分档数值		数值											
身高	5		155		160		165		170		175		180	185
颈椎点高	4		133		137		141		145		149		153	157
颈椎点高（坐姿）	2		60.5		52.5		64.5		66.5		68.5		70.5	72.5
臂长	1.5		51		52.5		54		55.5		57		58.5	60
颈围	1		34.8		35.8		36.8		37.8		38.8		39.8	
胸围	4		80		84		88		92		96		100	
总肩宽	1.2		41.2		42.4		43.6		44.8		46		47.2	
腰围	4		68	76	72	80	76	84	80	88	84	92	88	96
臀围	3.2	2.8	85.2	85.8	88.4	88.6	91.6	91.4	94.8	94.2	98	97	101.2	99.8

第三节　服装打板主要部位制图符号及常用术语

一、服装打板概念

服装打板是根据服装创意设计图做出纸样样板。一般在理论研究中，也叫服装纸样、服装样板或服装模板，这项技术主要用来制作裁剪图、裁剪书、裁剪纸样等。服装打板在讲解原理时被称为服装结构，是人体的立体形态在平面制图中的反映。服装的结构打板是指服装系统内部各要素之间相互联系、相互作用的组合方式。制定样板、绘制资料应称为服装制图，是通过数学计算、制图或直观的立体设计试验将服装款式分解成基本结构部件的设计，在制图时要统一服装打板制图符号。

二、服装打板制图符号

1. 服装部件字母代号

服装制图语言是国际通用的图形语言，有着标准的图线符号和运用规则，学习中通过这些语言要点掌握其整体图形和重点细节，寻找制图特点与要领。为了使用便利和规范起见，使用其英语单词的第一个字母为代号来代替相应的中文线条、部位及点的名称，见表2-8。

表2-8　服装制图主要部位代号

序号	中文	英文	代号
1	领　围	Neck Girth	*N*
2	胸　围	Bust Girth	*B*
3	腰　围	Waist Girth	*W*
4	臀　围	Hip Girth	*H*
5	肩　宽	Should Width	*S*
6	大腿根围	Thigh Size	*TS*
7	领围线	Neck Line	*NL*
8	前领围	Front Neck Girth	*FN*
9	后领围	Back Neck Girth	*BN*
10	上胸围线	Chest Line	*CL*
11	胸围线	Bust Line	*BL*
12	下胸围线	Under Bust Line	*UBL*
13	腰围线	Waist Line	*WL*
14	中臀围线	Middle Hip Line	*MHL*

（续）

序号	中文	英文	代号
15	臀围线	Hip Line	HL
16	肘　线	Elbow Line	EL
17	膝盖线	Knee Line	KL
18	胸高点	Bust Point	BP
19	颈侧点	Side Neck Point	SNP
20	颈前点	Front Neck Point	FNP
21	后颈椎点（颈椎点）	Back Neck Point	BNP
22	肩端点	Shoulder Point	SP
23	袖　窿	Arm Hole	AH
24	袖窿深	Arm Hole Line	AHL
25	衣　长	Body Length	L
26	前衣长	Front Length	FL
27	后衣长	Back Length	BL
28	头　围	Head Size	HS
29	前中心线	Central Front Line	CF
30	后中心线	Central Back Line	CB
31	前腰节长	Front Waist Length	FWL
32	后腰节长（背长）	Back Waist Length	BWL
33	前胸宽	Front Bust Width	FBW
34	后背宽	Back Bust Width	BBW
35	裤　长	Trousers Length	TL
36	裙　长	Shirt Length	SL
37	股下长	Inside Length	IL
38	前裆弧长	Front Rise	FR
39	后裆弧长	Back Rise	HR
40	脚　口	Slacks Bottom	SB
41	袖　山	Arm Top	AT
42	袖　肥	Biceps Circumference	BC
43	袖　口	Cuff Width	CW
44	袖　长	Sleeve Length	SL
45	肘　长	Elbow Length	EL
46	领　座	Stand Collar	SC
47	领　高	Collar Rib	CR
48	领　长	Collar Length	CL

2. 制图符号

服装制图中的某些部位可用统一的图形来代表相应的部位和指示，见表2-9。

表2-9　制图主要部位的符号

序号	名称	符号形式	说明
1	特殊放缝	△2	与一般缝份不同的缝份量
2	拉链		表示装拉链的部位
3	斜料		用有箭头的直线表示布料的经纱方向
4	阴裥		裥底在下的折裥
5	阳裥		裥底在上的折裥
6	等量号	○△□	两者相等量
7	等分线		将线段等比例划分
8	直角		两者成垂直状态
9	重叠	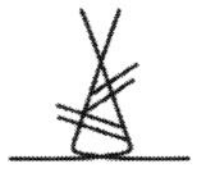	两者相互重叠
10	经向	 或	有箭头直线表示布料的经纱方向
11	顺向		表示褶裥、省道、覆势等折倒方向（线尾的布料在线头的布料之上）
12	缩缝		用于布料缝合时收缩
13	归拔		将某部位归拢变形
14	拔开		将某部位拉展变形
15	按扣		两者或凹凸状且用弹簧加以固定
16	钩扣		两者或钩合固定
17	开省	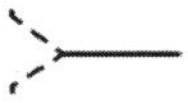	省道的部位需剪去
18	拼合		表示相关布料拼合一致
19	衬布		表示衬布
20	合位	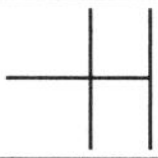	表示缝合时应对准的部位

注：若使用其他制图符号或非标准符号，必须在图纸中用图和文字加以说明。

三、服装打板常用部位术语

1. 基础线

（1）衣身基础线　前后衣身基础线共有20条，如图2-14所示 。

（2）衣袖基础线　衣袖基础线共有8条，如图2-15所示。

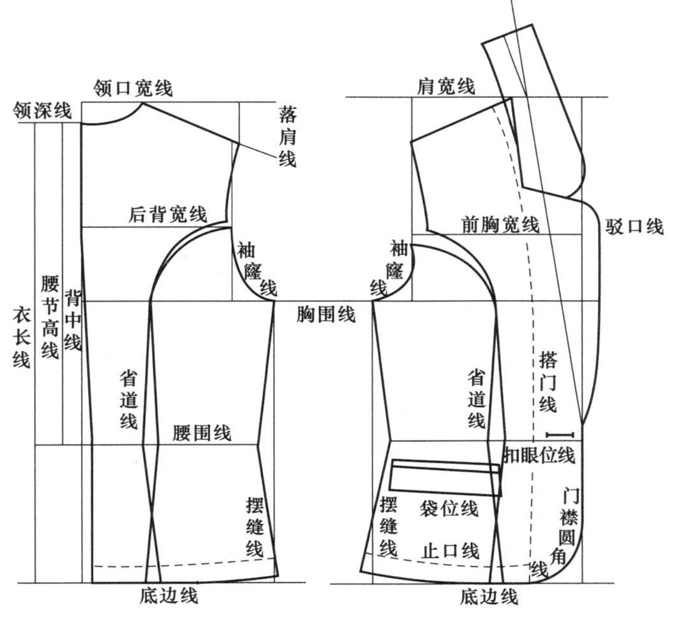

图2-14　衣身基础线

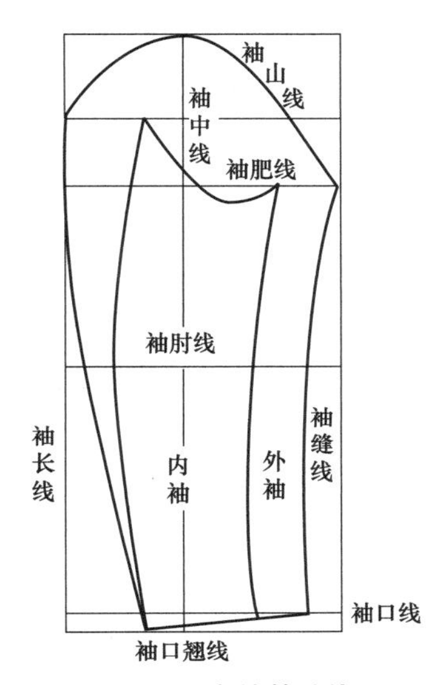

图2-15　衣袖基础线

（3）裤片基础线　前后裤片基础线共有13条，如图2-16所示。

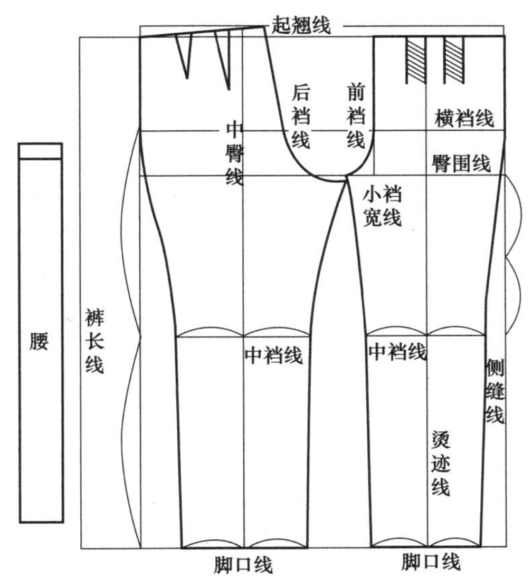

图2-16　裤片基础线

2. 服装基本结构部件

在服装打板中对各部位定义了名称，便于在制版操作及工作确认、教学时进行制作与修改，将服装打板中常用的服装制图名称列举如下：

1）衣身。

2）衣领。

3）衣袖。

4）口袋。

5）袢：具有扣紧、牵吊等功能和装饰作用的部件。

6）腰头：与裤身、裙身腰部缝合的部件。

四、服装制图常用术语

服装制图术语的作用是统一服装制图中的裁片、零部件、线条、部位的名称，使其规范化、标准化，以利于交流。

1）净样：服装实际尺寸，不包括缝份、贴边等。

2）毛样：裁剪尺寸，包括缝份、贴边等。

3）劈势：直线的偏进，如上衣门里襟、上端的偏进量。

4）翘势：水平线的上翘（抬高）。

5）困势：直线的偏出，如裤子侧缝困势指后裤片在侧缝线上端的偏出量。

6）刀眼：在裁片的外口某部位剪一小缺口，起定位作用。

7）门襟：衣片的锁眼边。

8）里襟：衣片的钉钮边。

9）叠门：门襟和里襟相叠合的部分。

10）挂面：上衣门里襟反面的贴边。

11）过肩：也称复势、育克，一般常用在男女上衣肩部上的双层或单层布料。

12）驳头：挂面第一粒扣上段向外翻出不包括领的部分。

13）省：根据人体曲线形态所需要缝合的部分。

14）裥：根据人体曲线所需要有规则折叠或收拢的部分。

15）克夫：又称袖头，缝接于袖子的下端。

16）分割：根据人体曲线或款式要求而在上衣片或裤片上增加的结构缝。

17）画顺：光滑圆顺地连接直线与弧线、弧线与弧线。

五、服装打板制图规则

服装打板制图的基本规则一般是先绘制衣身，后绘制部件；先绘制大衣片，后绘制小衣片；先绘制后衣片，后绘制前衣片。具体来说是先绘制衣片基础线，然后绘制外轮廓结构线，最后绘制内部结构线。在绘制基础线时一般是先定长度、后定宽度，由上而

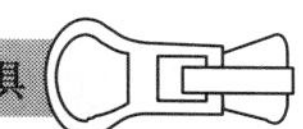

下、由左而右进行。做好基础线后，根据结构线的绘制要求，在有关部位标出若干工艺点，最后用直线、曲线和光滑的弧线准确地连接各部位定点和工艺点，画出结构线。

服装结构制图主要包括净缝制图、毛缝制图、部件详图、排料图等。

净缝制图是按照服装的尺寸制图，图样中不包括缝份和贴边。

毛缝制图是在净缝制图的基础上外加缝份和贴边，剪切衣片和制作样板时不需要另加缝份和贴边。

部件详图是对缝制工艺要求较高、结构较复杂的服装部件，除绘制结构图外，再绘制详图加以补充说明，以便缝纫加工时做参考。

排料图是记录衣料辅料划样时样板套排的图样，通常采用1/10缩比绘制，图中注明衣片排列时的布纹经向方向，衣料门幅的宽度和用料长度，必要时还需在衣片中注明该衣片的名称和成品的尺寸规格。

1. 制图比例

根据使用场合的需要，服装结构制图的比例可以有所不同，制图比例的分档规定见表2-10。

表2-10　制图比例

原值比例	1:1
缩小比例	1:2　1:3　1:4　1:5　1:10
放大比例	2:1　4:1

同一结构制图应采用相同的比例，应将比例填写在标题栏内；如需采用不同的比例，必须在每一部件的左上角表明比例，如M1:1，M1:2等。

2. 制图线及画法

在结构制图中常用的制图线有粗实线、细实线、粗虚线、细虚线、点画线、双点画线六种。裁剪图线形式及标示含义见表2-11。

表2-11　图线形式及标示含义　（单位：mm）

序号	制图线名称	制图线形式	制图线宽度	制图线标示含义
1	粗实线	━━━━━━━━	0.9	衣片、部件或部位轮廓线
2	细实线	────────	0.3	图样结构线；尺寸线和尺寸界线；引出线
3	粗虚线	━ ━ ━ ━	0.9	叠面下层轮廓影示线
4	细虚线	- - - - - - - - -	0.3	缝纫明线
5	点画线	━·━·━·━	0.9	对折线
6	双点画线	—··—··—··	0.3	折转线

同一结构制图中同类线的粗细应一致。虚线、点画线及双点画线的线段长短和间隔应各自相同，点画线和双点画线的两端应是线段而不是点。

3. 尺寸注法

1）基本规则：在结构制图中标注服装各部位和部件的实际尺寸数值。图样中（包括技术要求和其他说明）的尺寸一般以厘米（cm）为单位。

2）尺寸界线的画法：尺寸界线用细实线绘制，可以利用结构线引出细实线作为尺寸界线。

3）标注尺寸线的画法：尺寸线用细实线绘制。其两端箭头应指到尺寸界线处，制图结构线不能代替标注尺寸线，一般也不得与其他图线重合或画在其延长线上。

4）标注尺寸线及尺寸数字的位置：标注直距离尺寸时，尺寸数字一般应标注在尺寸线的左面中间。如距离尺寸位置小，应将轮廓线的一端延长，另一端将对折线引出，在上下箭头的延长线上标注尺寸数字。

标注横距离的尺寸时，尺寸数字一般应标注在尺寸线的上方中间。如横距离尺寸位置小，需用细实线引出，标注尺寸数字。尺寸数字线不可被任何图线所通过，当无法避免时，必须将尺寸数字线断开，用弧线表示，尺寸数字就标注在弧线断开的中间。

第四节　服装打板的工具

一、结构制图工具

1）直尺：绘制直线及测量较短直线距离的尺子，其长度有20cm、50cm 等。

2）米尺：以公制为计量单位的尺子，长度为100cm，用于测量和制图。

3）比例尺：用来度量长度的工具，其刻度按长度单位缩小或放大若干倍。

4）角尺：两边成90° 的尺子，两边刻度分别为35cm和60cm。

5）三角尺：三角形的尺子，一个角为直角，其余角为锐角。

6）圆规：用来画圆的绘图工具。

7）分规：用来移量长度（或两点距离）和等分直线（或圆弧长度）的绘图工具。

8）弯尺：两侧成弧线状的尺子。

9）曲线板：绘制曲线用的薄板。

10）擦片：用于擦拭多余及需更正的线条的薄型图板。

11）丁字尺：绘制直线的丁字形尺，常与三角板配合使用，以绘出15° 、30° 、45° 、60° 、75° 、90° 等角度线和各种方向的平行线和垂线。

二、样板剪切工具

1）工作台板：一般高为80~85cm、长为130~150cm、宽为75~80cm的裁剪、缝纫用工作台，台面要求平整。

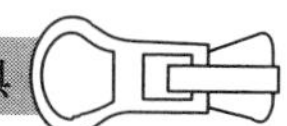

2）裁剪剪刀：剪切纸样或衣料时的工具。有22.9cm（9in）、25.4cm（10in）、27.9cm（11in）、30.5cm（12in）等数种规格，特点是刀身长、刀柄短、捏手舒服。

3）花式剪刀：刀口呈锯齿形的剪刀，主要将布边剪成三角形花边，作为剪布样用。

4）模型架：有半身或全身的人体模型，主要用于造型设计、立体裁剪、试样补正。我国的标准人体模型均采用国家号型标准制作，有男体模型、女体模型和儿童模型等；质地有硬质和软质两大类，硬质模特材料如塑料、木质、竹质，软质模特材料如硬质外罩一层海绵；尺码分固定尺码与活动尺码两种。

5）擂盘：在结构制图或衣料上做标记的工具。

6）划粉：主要用于手工裁剪，是在面料上绘制结构板型的工具。

7）大头针：固定衣片用的针。

8）钻子：剪切时钻洞做标记的工具，以钻头尖锐为佳。

9）样板纸：制作结构图用的硬质白卡纸，由数张牛皮纸热压黏合而成，可久用不变形。

第二部分

服装打板原理及分析

第三章

服装打板原理

本章重点主要提出，服装打板是否是一门很难掌握的技能？初学者往往从一件一件的服装款式进行入手练习，学会一些比较固定的东西，这固然很有必要，但这种学习方式比较固化，往往不能灵活变通。一门实用技术，有它自己的复杂性，也有它自己的规律性，能抓住本质的东西，就能很快抓住关键，就能学得明白，做得顺利。关键在于学到本质、学到规律、学到原理。重要的是从源头学起，这样就能省时省力，不感觉困难。学习了一件一件服装的款式裁剪，掌握了服装的一些要领，就要开始学习更深层次的结构规律和结构原理，从而学会结构变化，才能最终解决结构方面的疑问，做到举一反三。

服装的结构分为平面构成和立体构成，本章主要研究平面构成的构成方法，服装结构平面构成首先要考虑人体特征、款式造型风格、控制部位的尺寸，同时需要结合人体的动、静态要求，考虑身高、净胸围、净腰围等细节尺寸和结构，通过平面的形式绘制出服装制版纸样。

第一节　服装打板的种类、特点及步骤

一、服装打板的种类、特点

服装制版纸样的制作方法目前有多种，分为基型法、原型法、比例制图法、实寸法等。

1. 基型法

业内把基型法又称为总样法，是一种以衣片整体形态为服装基型总样进行服装裁剪出样的方法。按服装品种分为衬衫基型、西服基型、大衣基型等。作为基型的样板，以所设计的服装品种中与该款式造型最相似的纸样作为基型样板，如选择普通西裤作为裤装的基型，单排扣平驳头西服作为西服的基型等，再对基型样板做局部的细节调整，按所需款式结构制图，最终做出所需的服装款式纸样。这种制版速度较快，企业制版时常常采用此法。

2. 原型法

从立体裁剪的结构方法入手，结构简单，易于理解。能全面展示出人体的FWL、

BWL、*NL*、*BP*、*BL*、*WL*等尺寸的原型为基础，根据款式进行长度与围度上的细部增减。如衣长、裤长、裙长等长度尺寸的调整，可以通过加放长度来达到，再如胸围、胸背宽、领围、袖窿等可通过增减围度等细节尺寸的方法来获得。原型法制图就是在原型样板上根据具体造型需要运用补充、剪切、折叠、拉展等技法进行变化，完成符合服装造型的纸样制作。原型与基型一样，可利用纸型剪叠、比例分配等方法构成，在基本框架或原型纸样上进行调整，因此具有相当的简便性与灵活性。

3. 比例制图法

根据人体的身高、净胸围、净腰围、净臀围等基本部位与细部之间的关系，求得各细部尺寸用基本部位的比例形式表达的关系。如衣长、袖长、裤长、腰节长等长度尺寸均可用与身高的比例公式进行表达：$Z=xH+y$（Z为细部尺寸，H为身高，x、y为变数）。表达上装的肩宽、胸宽、背宽等细部围度尺寸的比例公式为：$Z=xB+y$（Z为细部尺寸，B为胸围，x、y为变数）。下装的细部围度尺寸的比例公式为：$Z=xH+y$（Z为细部尺寸，H为臀围，x、y为变数）。上装以胸围为度量单位，下装以臀围为度量单位，各细部尺寸均以人体的身高、胸、臀尺寸或服装的基本细部尺寸按比例公式进行计算获得。

4. 实寸法

此方法比较适合服装企业中的剥样工作，就是对特定参照服装的细部尺寸进行测量，然后依据款式尺寸根据面料伸缩进行重新绘制制版纸样的方法。

二、服装打板的步骤

不论是哪种制版方法，基本都需要经过下面的打板步骤获得尺寸数据及绘制纸样造型：

1）测体。根据顾客群体的需求，确定服装的廓型、松量，这是极为重要的一步，在此基础上进行下面的操作。

2）根据第一步确定和顾客体型相符合的基型。首先根据人体尺寸规格确定服装的原型，再根据服装款式制作群纸样原型。例如，制作女装衬衫纸样先制作上装纸样原型。

3）确定底图。首先分析新款式有什么样的要求，根据服装款式的要求在基型上进行变化（变化的方法有几何作图法和剪切法），最后达到新款式的要求。

4）复制纸样。在底图上复制出纸样，并且在纸样上加上九个方面（包括名称、款号、数量、颜色、尺码、布纹、缝份、剪口、粘合衬）。

5）复核纸样。做出纸样后，一定要检查纸样的准确性和全面性。

第二节　基础服装打板的原理及构成法

学习服装原型，是打好服装基础、掌握服装与人体关系、确立服装基础造型的关键，是所有有志于学习服装设计者的首选；学习欧板是对亚洲版型的补充，各种版型互为利用，能帮助大家更好地理解复杂的人体与服装结构之间的内在关系。另外，比例裁剪方法是大家常用而且一直在用的东西，不了解它就难了解中国服装的全局，就没有横向可比性。而熟知服装工艺又是服装学习的另外一个重要基础，是正确把握版型细节，正确处理制版与缝制关系，提高设计质量的重要途径；细致而具体地研究人体结构比例是提高设计标准化程度的必要保证，那么把握市场行情变化和市场潮流走向，才能使我们的设计符合大众的需求，反映市场的需要。所以，学习服装打板设计是多元性和综合性的有机结合，是一个可以不断提高和不断加强的过程，需要设计师们去不断地追求，在动态中学习提高。

文化式原型样板法，简称为原型法，它是将我国服装业制版时传统使用的比例分配法和国外的原型法相结合，依据我国服装业的传统制版技艺习惯而创新的一种方法。这种方法，在我国服装工厂制定服装样板，以及在裁制成批量的服装时采用，已流传了多年，只不过没有经过系统的研究和总结。这种制版方法是依据我国服装业的传统制版习惯，以衣服的实际胸围为基数，依据国家标准，用比例分配法制成基础样板，以这些基础样板为依据，可以变化制定出千变万化、千姿百态的各种款式服装样板来。

使用原型制版的第一个特点是方便。制定样板时，只要使用与所制样板胸围相符合的基础样板，在样板上放出所需求的部位即完成了。第二个特点是运用“变中不变，不变中有变”的规律来进行各种服装款式的变化。

一、服装打板结构原理

对于初学者而言，考虑到服装款式结构与原型结构法的结构原理存在比较直观的联系，为了便于理解，本书采用了“原型法”原理进行服装打板的技术讲解。学服装打板技术从原型结构法原理开始，掌握了原型制作公式及打板原理之后，即可对服装款式造型进行分析，根据不同款式中的变化规律和原则，再在原型款上进行适当的加长、剪短、增肥、缩减等处理，其后就可以活学活用，举一反三地运用于服装打板原理进行纸样制作了。

原型按制图方法的不同也可以分为三类，胸度式作图法、短寸式作图法以及并用法。这三者中应用最广泛的是胸度式作图法，日本文化式原型就是在此基础上发展演变而来的，下面来分析胸度式作图法的制图原理和制作方法。

1. 服装衣片结构制图的制作原理

图3-1a为人体横截面，我们将其胸围部分分割为四部分，产生A、B、C、D四个点。分别过四个点做横向与纵向分割，可以产生如图3-1b所示的服装衣片结构原理。这种服装的衣片结构为“四开身”上衣，前片和后片的胸围半片尺寸占总胸围的 1/4 左右。

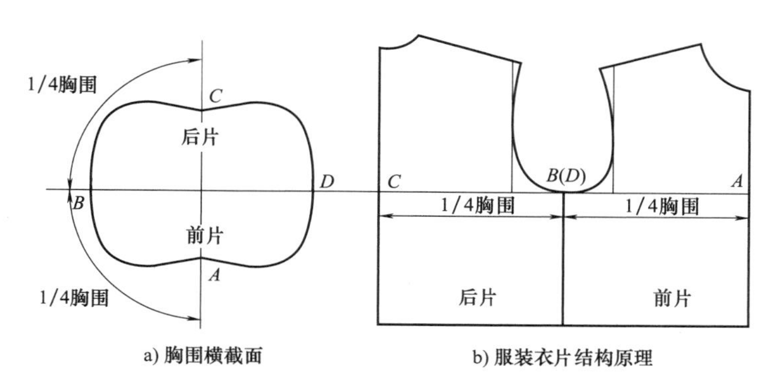

图3-1　“四开身”服装结构原理

如果将人体胸围横截面三等分，产生A、B、C三个点，分别过这三个点做纵向分割，可以产生“三开身”的服装平面图，前片和后片的胸围半片尺寸占总胸围的1/3左右；如果将后片纵向分割为两部分，每片的胸围尺寸占总胸围的1/6 左右，如图3-2所示。

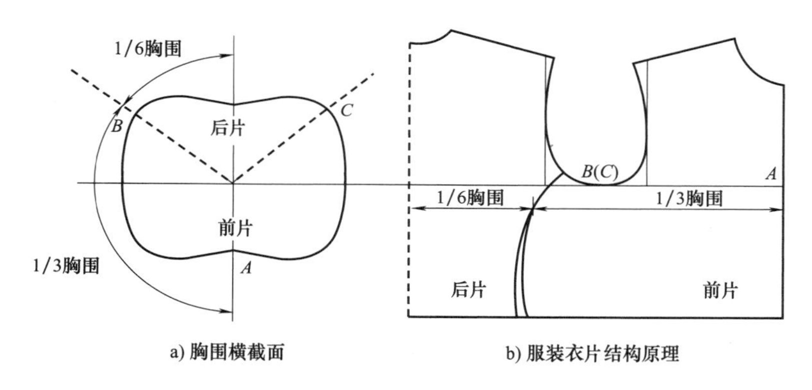

图3-2　“三开身”服装结构原理

以女装为例，平面的布料要覆盖到人体之上，就会产生浮余量，只有将这些余量通过省道的形式去掉，才能使平面的布料符合立体人体穿着需要，满足人体的合体需求，日本文化式原型就是通过省道对余量的消化、合并肩部和腰部多处余量及省道的转移而得来的，如图3-3所示。

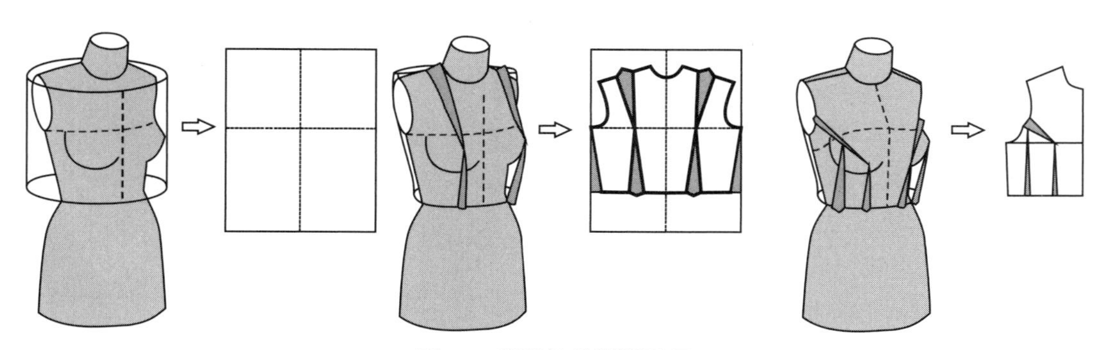

图3-3　服装结构原型原理

2. 原型的分类

（1）按覆盖部位的不同分类 一件立裁的服装，需要通过不同的部位缝合而成，这些部位都对应有各自的纸样。原型可分为上半身、下半身和上肢用原型，并根据不同款式的设计，在分类原型的基础上绘制原型纸样。上半身用的原型被称为上半身原型或衣身原型。下半身用的原型则称为裙原型或裤原型。此外，也有覆盖整个躯干的连身式原型。上肢用的原型被称为袖原型。此外，还有针对领子制图的领原型。

（2）按年龄、性别的不同分类 由于年龄、性别等因素影响，人体各部位的长度或形态会各不相同。学校教学过程中所使用的原型主要包括儿童原型、成人女子原型和成人男子原型，制图过程中需要利用几个相关的身体尺寸测量数据进行原型制图。

（3）按服装种类的不同分类 服装教学环节中，通常会利用同一个原型，根据着装状态和面料厚度的不同，分别加入不同的松量来绘制外套、大衣和西装等不同的服装。而对于企业来说，除了上述方法外，更多的情况是先考虑面料的厚度等影响因素，形成外套用、西装用和大衣用不同的分类原型。

（4）按松量构成的不同分类 按松量构成的不同，原型分为紧身原型和松身原型。教学环节和成衣生产中使用的原型，从加入适当松量的半紧身原型到松身原型，存在着多种松量构成形式。而对于单件订制的服装来说，通常会首先测量个人尺寸数据并建立紧身原型，然后依据不同款式的设计加入不同松量。

3. 服装衣片结构制图的制作方法

下面按照覆盖部位的不同分类，以日本文化式衣身原型为例，进行绘制步骤分解：

第一步，绘制横向与纵向基础线。

第二步，依据胸围、背长尺寸确定腰围线及前后中心线。

第三步，确定出侧缝线、胸宽线、背宽线。

第四步，将各点连接，分别绘制直线与弧线，完成原型制图。

下面以女装为例详细介绍原型的制作方法：

（1）整体框架做法

1）绘制横向基础线，取$B/2+6$cm（松量），作水平腰围线（WL）。纵向取背长作为基础线，作垂直前后中心线。

2）在背长线从A点向下取$B/12+13.7$cm作袖窿深线（BL）。

3）从胸围线（BL）向上取$B/5+8.3$cm得B点，前胸宽尺寸为在前片BL上取$B/8+6.2$cm作垂直线，后背宽尺寸为在后片BL上取$B/8+7.4$cm作垂直线得C点，如图3-4所示。

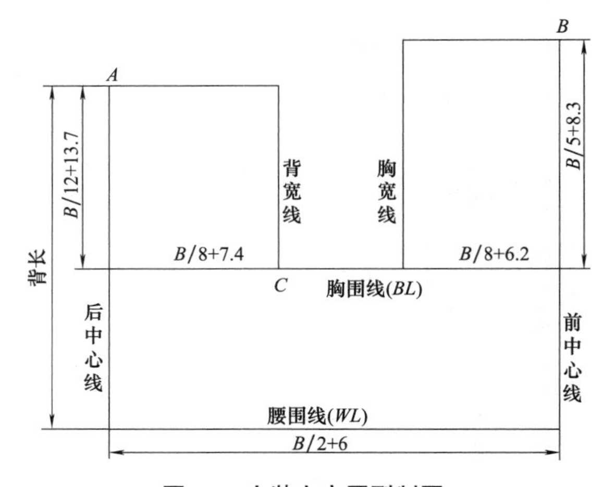

图3-4 女装上衣原型制图1

（2）分片详细制作步骤（图3-5、图3-6）

1）前衣身：

① 由A点向下8cm处画一水平线与背宽线相交于D点。将后中心线至D点的中点向背宽方向取1cm确定为E点作为肩省省尖点。

② 过C、D两点的中点向下0.5cm的点作水平线L线。

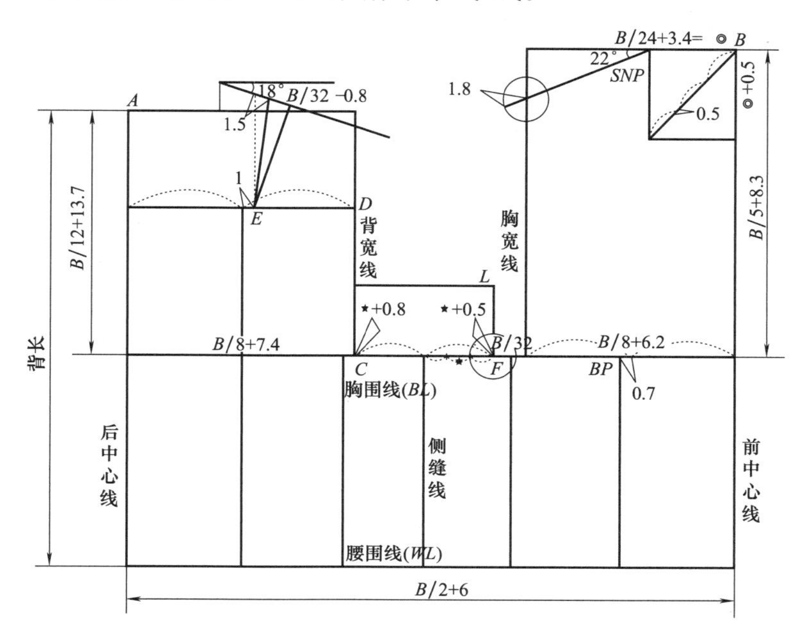

图3-5 女装上衣原型制图2

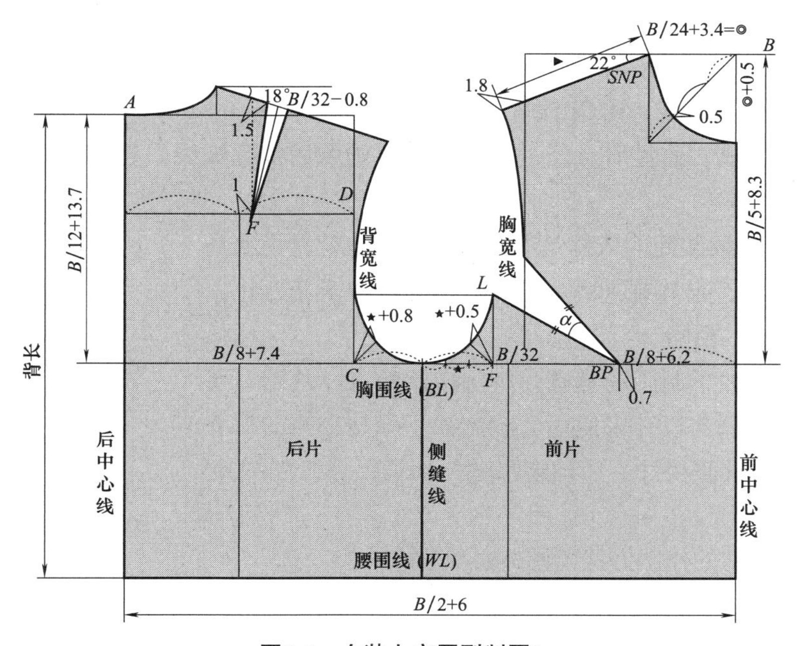

图3-6 女装上衣原型制图3

③ 在前中心线上从*BL*向上取*B*/5+8.3cm，确定*B*点。

④ 通过*B*点画一条水平线。

⑤ 在*BL*上由中心线取胸宽为*B*/8+6.2cm，并由胸宽的中点位置向后中心线方向取0.7cm作为*BP*点。

⑥ 画垂直的胸宽线，形成矩形。

⑦ 在*BL*上，沿胸宽线向后取*B*/32作为*F*点，由*F*点向上作垂直线与*L*线相交得*L*点。

⑧ 沿*CF*的中点向下作垂直的侧缝线。

⑨ 绘制前领口弧线。由*B*点沿水平线取*B*/24+3.4cm（前领口宽），得*SNP*点。由*B*点向下取前领口宽◎+0.5cm画领口矩形，依据对角线的参考点画圆顺前领口弧线。

⑩ 绘制前肩线。以*SNP*为基准点取22° 的前肩倾角度，与胸宽线相交后延长1.8cm形成前肩宽度▲。

⑪ 由*F*点作45° 倾斜线，在线上取★+0.5cm作为袖窿参考点，经过袖窿深点、袖窿参考点和*L*点画圆顺前袖窿弧线的下半部分，以*L*点和*BP*点连线为基准线，向上取α［α的数值为*B*/4−2.5cm的数值，单位为度（°）］夹角用为胸省量。通过胸省长的位置点与肩点画顺袖窿线上半部，注意胸省合并时袖窿线要圆顺。连接所有轮廓线，修顺线条，完成前片。

2）后衣身：

① 绘制后领口弧线。由*A*点沿水平线取◎+0.2cm（后领口宽），取其1/3作为后领口深的垂直长度，并确定*SNP*，画圆顺后领口线。

② 绘制后肩线。以*SNP*为基准点取18° 的后肩倾斜角度，在此斜线上取▲+后肩省（*B*/32−0.8cm）作为后肩宽度。

③ 绘制后省。通过*E*点，向上作垂直线与肩线相交，由交点位置向肩点方向取1.5cm作为省道的起始点。并取*B*/32-0.8cm作为后肩省道大小，连接省道线。

④ 绘制后袖窿弧线。由*C*点作45° 斜线，在线上取★+0.8cm作为袖窿参考点，以背宽线作为袖窿弧切线，通过肩点经过袖窿参考点画顺后袖窿弧线。连接所有轮廓线，修顺线条，完成后片。

3）袖子。衣袖装配的依据是衣身的袖窿，也就是说衣身袖窿的造型决定了袖山的造型。虽然袖子的造型千变万化，但其结构原理基本相同。

袖子原型是袖子制图的基础，应用广泛的有一片袖，可配合服装种类与款式设计来使用。绘制袖子原型必需的尺寸为衣身原型中前袖窿尺寸、后袖窿尺寸与袖长尺寸，如图3-7所示。

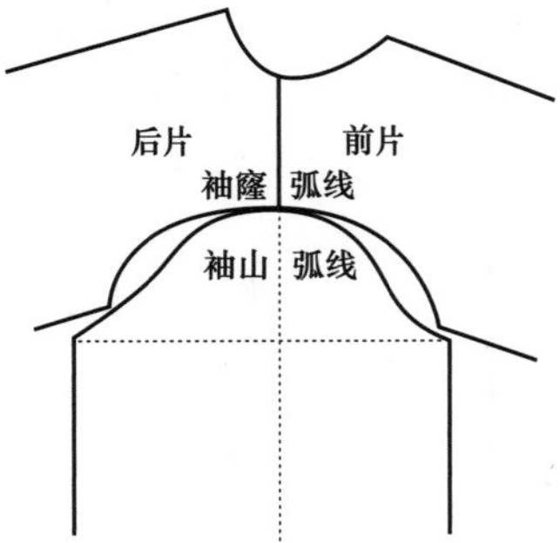

后片 前片
袖窿 弧线
袖山 弧线

图3-7 女装袖子原型原理

女装袖子原型的作图方法（图3-8~图3-10）：

① 确定袖山高。作垂直交叉的两根直线，袖山高取*AH*/4+2.5cm，得*A*点。

② 确定袖口线。从袖山*A*点量取袖长尺寸，然后作水平线。

③ 确定袖山斜线。从袖山A点分别向袖山深线作斜线，作为前后袖山辅助斜线，前袖山斜线长为前AH，后袖山斜线长为后AH+1cm+★（不同胸围对应不同★值），过此两点分别向袖口线作垂线，即袖缝线。

④ 作袖肘线EL。自袖山A点量取袖长/2+2.5cm，作水平线。

⑤ 根据衣身原型的前后袖窿，将前片胸省转移，袖窿省闭合，画圆顺前后袖窿弧线。

⑥ 确定袖山高度。将侧缝线向上延长作为袖山线，并在该线上确定袖山高。袖山高的确定方法是：计算由前后肩点高度的1/2位置点到BL之间的高度，取其5/6作为袖山高。

⑦ 定袖肥。由袖山顶点开始，向前片的BL取斜线长等于前AH，向后片的BL取斜线长等于后AH+1cm+★（不同胸围对应不同★值），在核对袖长后画前后袖下线。

⑧ 将衣省袖窿弧线上●至○之间的弧线拷贝至袖原型基础框架上，作为前、后袖山弧线的底部。

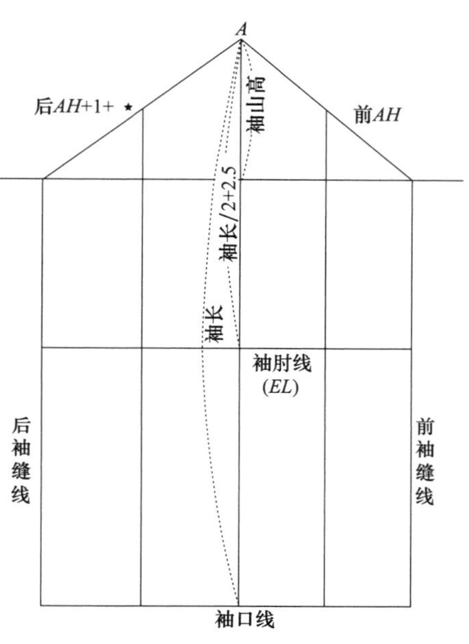

图3-8 女装袖子原型制图1

⑨ 作前袖山弧线。在前袖山弧线上沿袖山顶点向下取AH/4的长度，由该位置点作袖山的垂直线，并取（1.8~1.9）cm的长度，沿袖山斜线与G线的交点向上1cm作为袖窿弧线的转折点，经过袖山顶点、两个新的定位点及袖山底部画圆顺前袖窿弧线。

⑩ 作后袖山弧线。在后袖山斜线上沿袖山顶点向下量取前AH/4的长度，由该位置作后袖山斜线的垂直线，并取（1.9~2）cm的长宽，沿袖山斜线和L线的交点向下1cm作为后袖窿弧线的转折点，经过袖山顶点、两个新的定位点及袖山底部画圆顺后袖窿线。

⑪ 连接各个定位点，修顺线条，完成袖子原型。

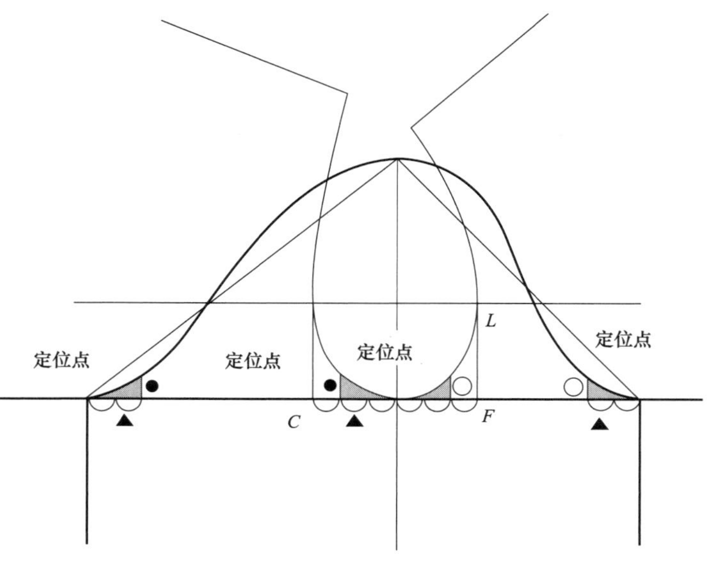

图3-9 女装袖子原型制图2

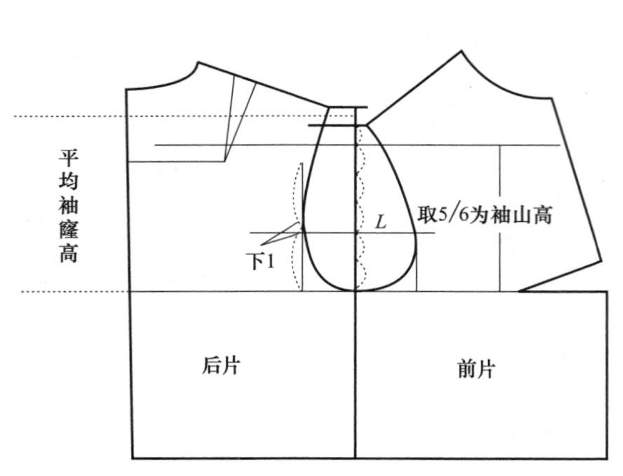

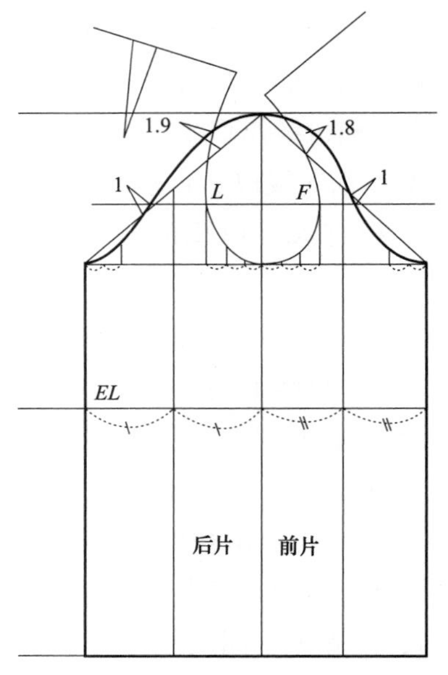

图3-10　女装袖子原型制图3

二、服装打板与款式构成法分析

服装的款式与结构版型之间有着密切的联系，如何使本来平面的面料符合人体的立体造型并跟随时尚潮流做出变化，是服装打版需要着重分析的部分，下面就来分析服装省道的由来及转移变化对款式的影响。

1. 衣身款式构成法

服装原型要符合人体，必须要考虑人体的胸腰省量，例如女性服装前衣片的省量受到胸部大小的影响，版型中可根据图3-11和图3-12来确定胸省量的大小。胸围取$B/2+6$cm（放松量），前、后片腰围取$W/4+3$cm（放松量），所以胸腰之间就会产生省量。这些省量可以分散在几个省量中，如肋省和腰省，也可根据款式的变化进行省道的转移，根据设计的不同来自由变化省位，或变化成褶裥、皱褶进行款式变化。

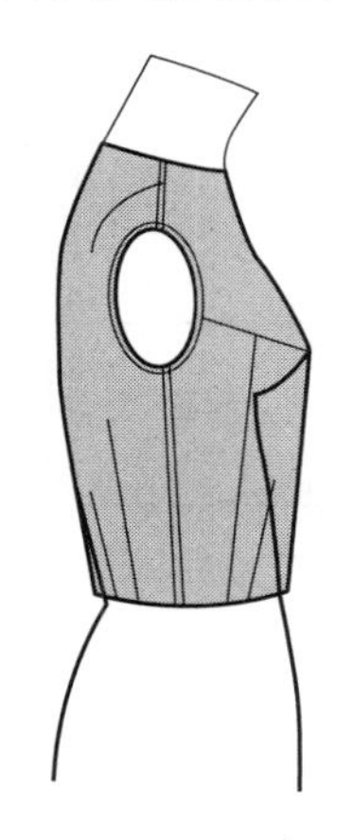

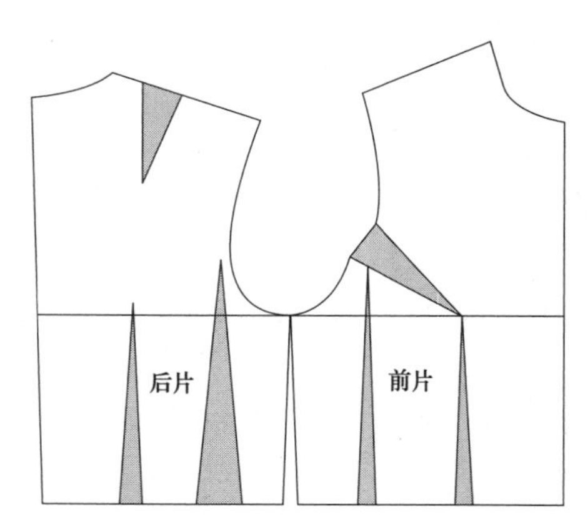

图3-11　女装衣身省道变化1

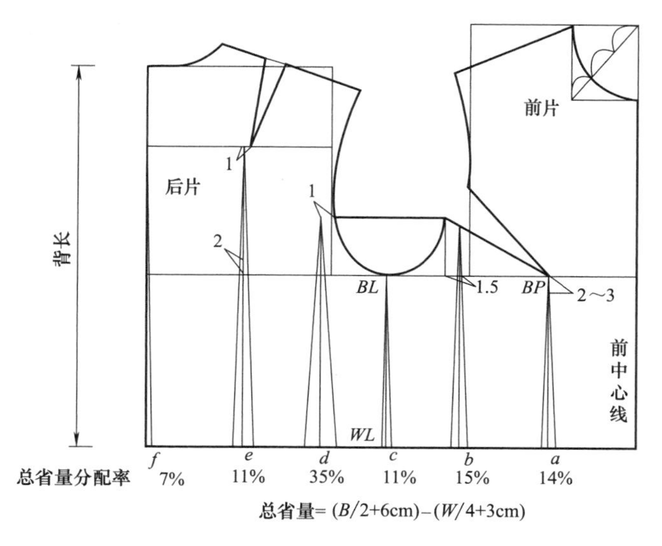

图3-12　女装衣身省道变化2

2. 省的转移原理及应用

省道是用平面的布包覆人体某部位曲面时，根据曲面曲率的大小而折叠缝合进去的多余部分。服装省道依人体部位可分为胸省、腰省、肩省、袖省、肚省、臀省等，省道的形状可根据体型和造型要求设置，常见的有钉字形省、锥形省、橄榄形省、弧形省、开花省等，如图3-13所示。

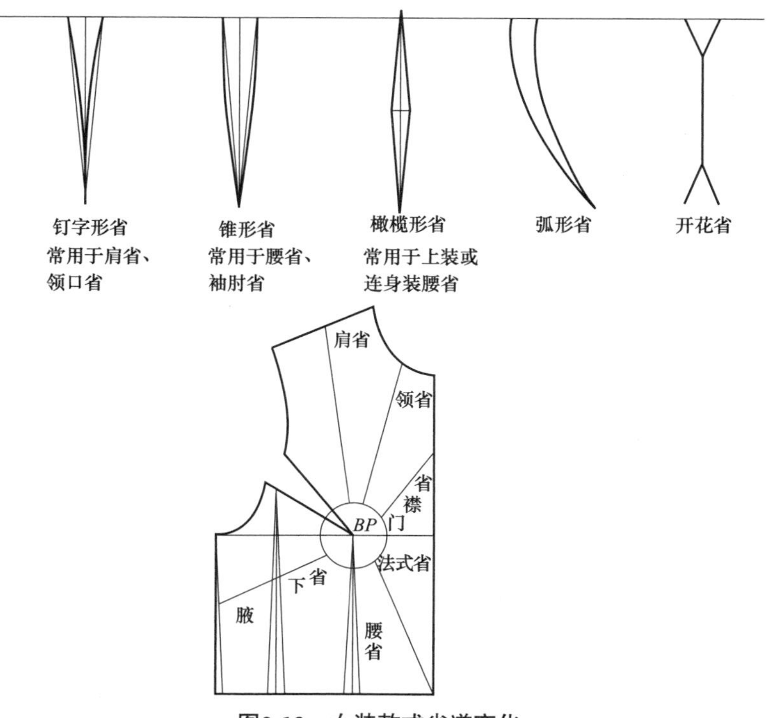

图3-13　女装款式省道变化

放置省的原理是根据人体的曲面需求而来的。一件衣服要做得既合体又立体，利用省道来完成是最常用的手段。我们知道人体上凹凸不平的曲面较多，尤其是女性的体型曲线最为明显。在布料上平面制图通常用收省来使之隆起形成锥面并收掉多余的部分，使之更好地贴合人体，达到立体效果。

（1）领部款式结构变化原理　领型设计主要围绕大小及形状的改变，在版型结构中主要围绕领围线的变化对穿着者脸型与颈部的修饰起重要的作用。无领的领围线绘制应根据穿着者的脸型的长短，脖子的粗细来设计。同时，也要注意穿着时领围处与人体的贴合，不能下落或者豁开，这会影响着装效果。在打板造型时，应注意前后领的处理要协调统一，为了保证服装穿着时领型的适体性，对不同的无领造型应采用不同的处理方式。

为了保证领围线的圆顺，就要将前后衣片进行连接，以便于修正领围线，作为款式变化的基础，如图3-14所示。

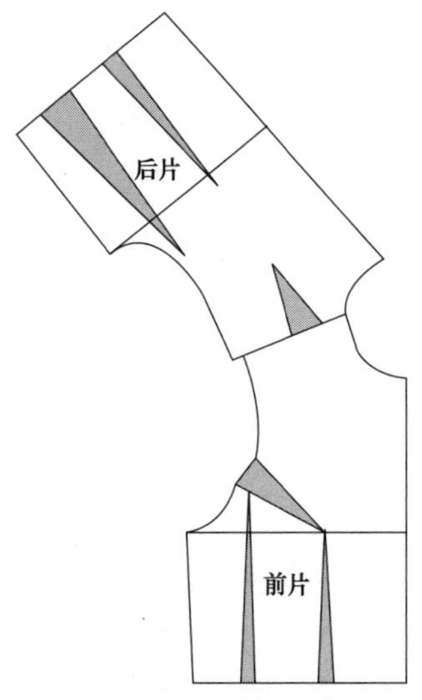

图3-14　前后衣片修饰领围线

1）浅口领领围线的打板原理：如图3-15所示，这款为基础无领款，此款领围线采用原型领围线不动，在侧颈点的位置上加大开口，以便于人体的穿着与脱卸，同时满足无领造型。在前颈点与侧颈点分别要向外加放活动松量，保证穿着的舒适性，以及根据款式满足造型的需求。

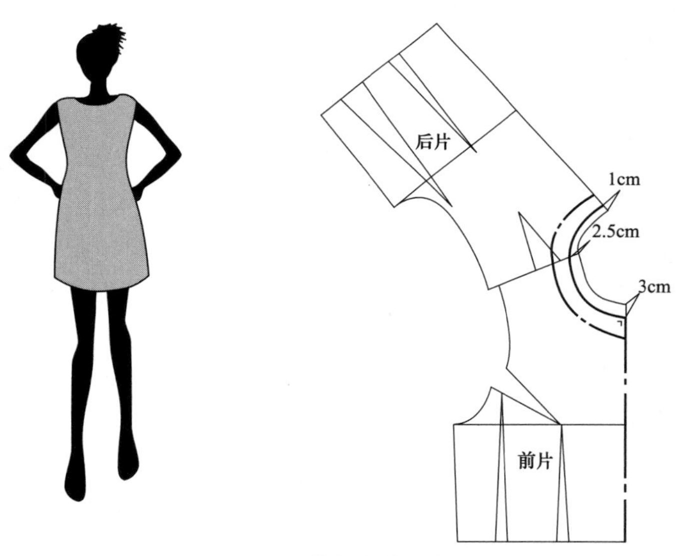

图3-15　女装领部款式变化1

2）平翻领领围线的打板原理：如图3-16所示，这款为基础平翻款，平翻款无领座，要求将前后衣片侧颈点进行重合，并在肩点处对样板进行重叠处理，一般这个重叠量在肩宽的1/5~1/4。平翻领的领座部分可应在原有衣片的领围线基础上进行修正，将领后中心抬高，这样可得到领座的高度，满足平翻领的造型要求，在制图时要注意翻领的部分内弧度和外弧度的不一的问题，保证穿着的舒适性。

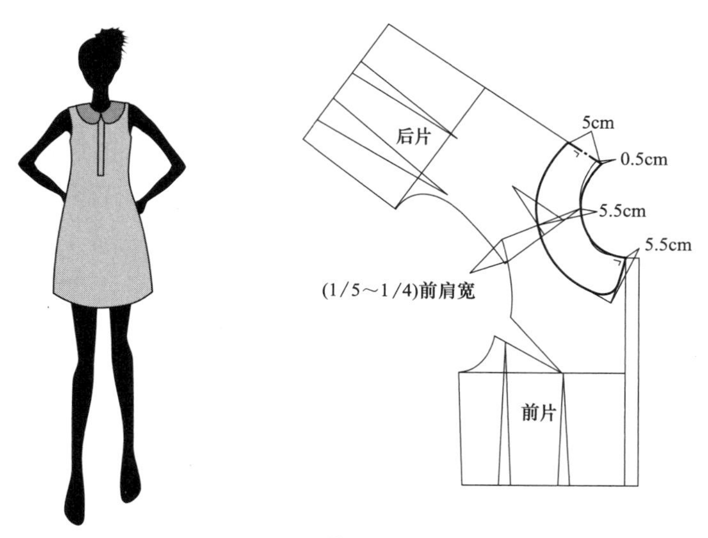

图3-16　女装领部款式变化2

（2）胸部款式结构变化原理

1）宽松型连衣裙款式的打板原理：在尺寸上要加放松量，以达到宽松款式的要求，同时可以在腰部系带，给人以休闲轻松、随意舒适之感。如图3-17所示，由于此款式宽松，所以不要处理收省，反而在胸围和腰围部分都要加上一定的放松量（4cm左右），才能达到此效果。宽松型连衣裙的款式有落肩，所以在肩部要保持前后肩的长度一致。由于是无袖款式，所以袖窿线在胸围部分要进行结构上抬，腰节线上留出抽带位置。连接修顺前后片侧缝线，使侧缝线前后相等。底部裙边要在侧缝线的基础上向外扩出（8~10cm），才能形成宽松裙型效果。

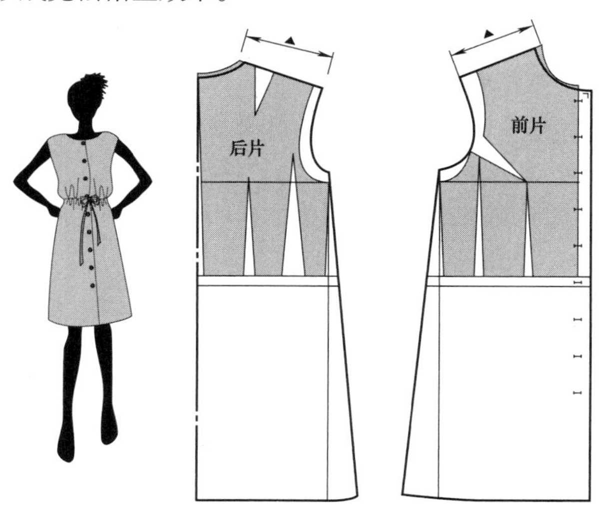

图3-17　女装胸部省道变化1

2）合体型连衣裙款式的打板原理：日常生活中，合体型的服装看起来简单，但要做到合体，省道的设计变化非常重要，其中包含着许多重要的省道转移技巧。图3-18中的合体款式中前片由领省和腰省组成，将前片的胸省部位合并，将省道量转移到领部位置，形成领省，后片原型合并其中一个腰省，留下一个腰省，并修顺后片侧缝线，长度保证与前片侧缝线基本相等。无袖连身裙款式，考虑到袖子部位的适体性，前片沿原型省道转移后的样板对袖窿线进行修改，保证人体的运动需要量，肩部长度在原型的基础上要进行缩进（2cm左右）。后片在转移后的样板基础上对袖窿进行修改，使肩部长度缩进（4cm左右）。底部裙边要在侧缝线的基础上向外扩出，才能形成*A*形裙效果。为了达到款式的要求，合体型款式版型在原型的基础上通过省道的转移对款式进行了分割，同时也起到了塑造体形的作用，给人以合体、修正体形的装饰之感。

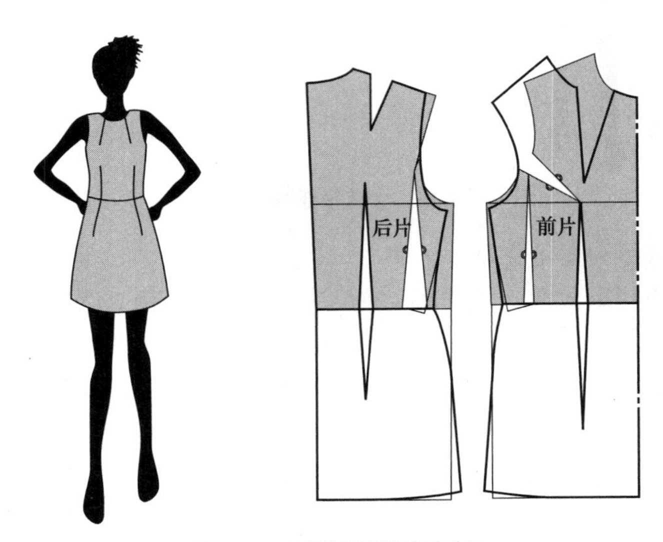

图3-18　女装胸部省道变化2

（3）袖造型款式构成法　袖子的袖窿弧线是根据衣身上的前后袖窿的弧线弧度来进行绘制的。衣袖装配的依据是衣身的袖窿，也就是说衣身袖窿的造型决定了袖山的造型（图3-19）。

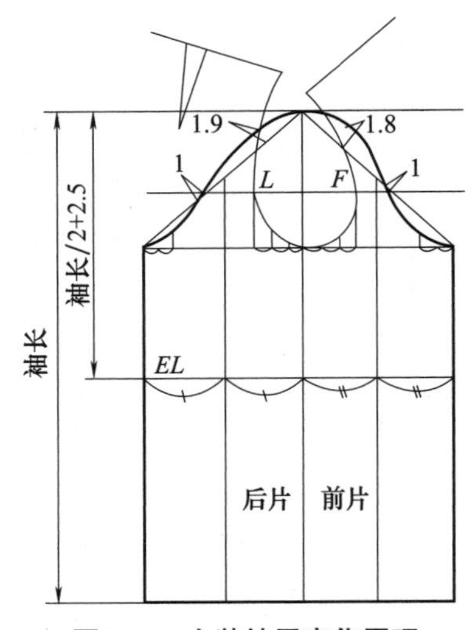

图3-19　女装袖子变化原理

1）泡泡袖款式的打板原理：首先介绍泡泡袖的几种类型。

① 单向泡泡袖：袖山无褶裥，袖口有抽褶。

② 羊腿袖：袖口为小袖，袖山处有大量褶裥蓬起。

③ 灯笼袖：袖口袖山处均有大量褶裥蓬起。

主要是根据抽褶量的多少，构成不同的外观造型。根据款式需要，利用一片袖原型进行变化。

图3-20所示泡泡袖的款式属于袖山无变化、无褶裥、

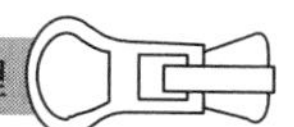

袖口有抽褶形成的单向泡泡袖，这种袖型较多的用于衬衫袖，袖口的褶裥以不规则的抽褶居多。在袖肥线和袖肘线之间取一辅助线，并进行切割，将袖子进行分片，辅助线以上的袖山部分不动，辅助线以下的袖口部分要加入转移进来的褶皱量，前后袖片都要加入褶皱量，在原型的基础上修顺袖口弧线，使袖子产生自然细微褶皱，再根据袖口尺寸绘制袖克夫，完成单向泡泡袖的制作。

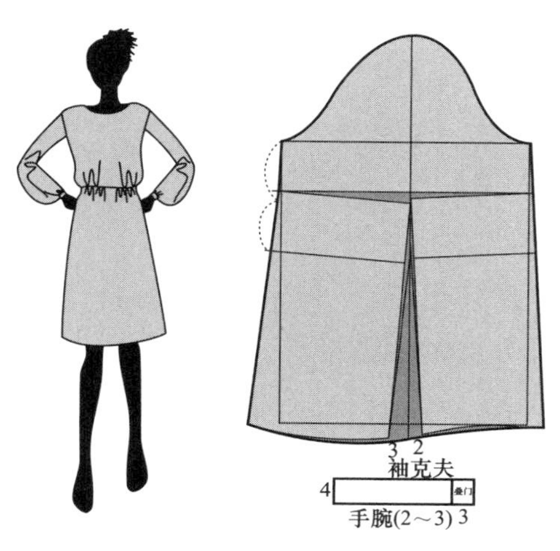

图3-20　女装袖子变化原理1

2）二片袖款式的打板原理：二片袖主要用在合体或较合体的西装、大衣等服装上，其袖山高比一片袖要高出2~3cm，可取袖窿深的6/5作为袖山高。袖山高确定后，根据袖窿弧线（*AH*）的长度确定袖山弧线，把前袖平分与前袖山弧线的交点设为*A*点，把后袖平分与前袖山弧线的交点设为*B*点，由此两点分别向袖口线作垂线，得到*C*、*D*点，将袖山弧线分别镜像复制到*AB*点之间，然后画出外袖缝弧线与内袖缝弧线，将外袖缝弧线进行修正，完成大小袖片，如图3-21所示。二片袖款式可根据款式要求来确定大小袖的风格。

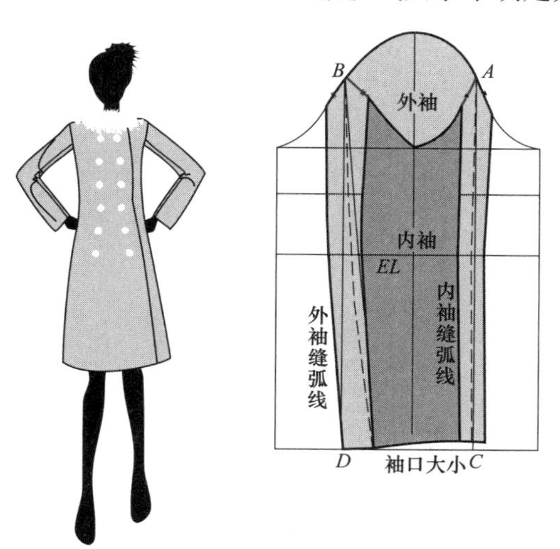

图3-21　女装袖子变化原理2

第三部分

服装经典款型打板及拓展

第四章

女式经典服装造型款式打板实例

本章的重点在于掌握经典女式裙原型服装款式的制版与根据女式裙原型变化的款式应用。原型服装制版是版型设计的基础，基于原型制版，变化款式可在原型的基础上进行款式尺寸的修改，并可对原型进行修正，按制版原理对省道进行转移及合并、加放褶皱量等处理，满足服装款式的变化需求。

第一节　经典半身裙款式及变化款打板

一、半身裙原型的制版方法及步骤

1. 整体框架做法

1）根据裙子尺寸（表4-1）作水平腰围线*WL*，根据裙长、臀高线分别作臀围线*HL*、裙长线等基础线。

表4-1　半身裙基础规格尺寸

部位	规格净尺寸160/68A	成品尺寸
裙长（*TL*）	56	60
腰围（*W*）	68	70
臀围（*H*）	90	94

注：裙长（*TL*）可根据款式规格来定，单位均为厘米（cm）。

2）前后片宽度取*H*/2+放松量，制作裤装制版基础线（图4-1）。

2. 详细制作步骤

（1）前裙片

1）取前臀围*H*/4+1cm，作为裙前片宽，取裙长–腰宽作为前裙片长，制作前裙片框架。

2）再取前腰围*W*/4+1cm，其余臀腰差作为腰省量，侧缝向上翘起0.7~1.2cm。

3）将前裙片腰省量分为2个省道， 中间省道量为●–0.5，侧边省道量为●+0.5，省道

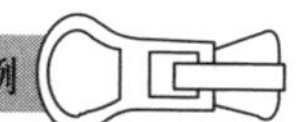

位置在腰围约1/3处。画顺腰围线和侧缝线。

（2）后裙片

1）取后臀围$H/4-1$cm，为裙后片宽，取裙长–腰宽作为后裙片长，制作后裙片框架。

2）取后腰围$W/4-1$cm，其余臀腰差作为腰省量，侧缝向上翘起0.7~1.2cm。

3）将后裙片腰省量平均分为2个省道●，省道位置在腰围约1/3处。画顺腰围线和侧缝线。

（3）裙腰　取3cm作为腰宽，腰长为W+放松量，绘制出裙腰。

（4）加粗轮廓线，标注布纹及样片名称。

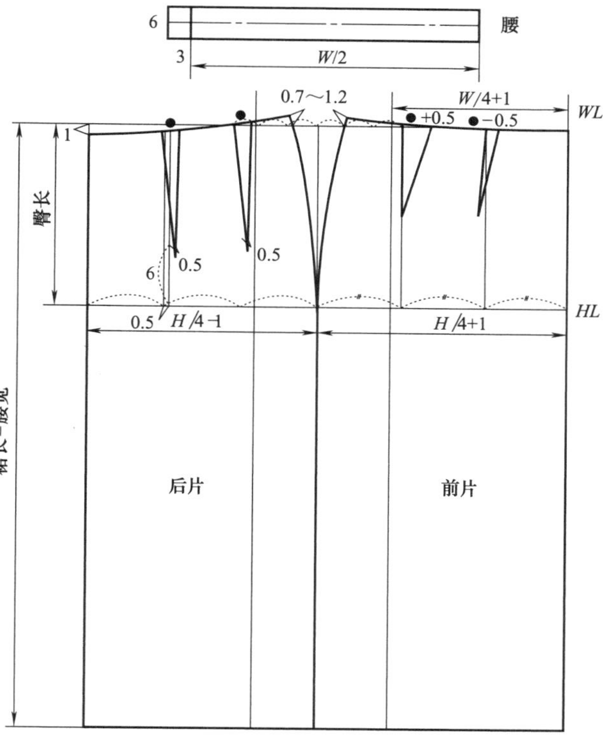

图4-1　半身裙原型

二、半身裙变化款打板

A　半身裙款式一

款式分析

此款半身裙款式造型属抽细褶蓬松女短裙装款型，在裙子版型设计上以原型基础上的变化沿前后腰省剪开进行加量，保证细褶的产生，方便穿着，款式较为基本，穿着舒适休闲，如图4-2所示。

图4-2　半身裙变化款

制图尺寸

表4-2　半身裙基础规格尺寸

（单位：cm）

部位	规格净尺寸160/68A	成品尺寸
裙长（TL）	47	50
腰围（W）	68	70
臀围（H）	90	94

详细制作步骤

1. 前裙片

1）取前臀围$H/4$+1cm，为裙前片宽，取裙长-腰宽为前裙片长，制作前裙片框架。

2）再取前腰围$W/4$+1cm，其余臀腰差作为腰省量。在原型基础上裙下摆处前侧缝加8cm。

3）将前裙片腰省量分为2个省道，省道位置在腰围约1/3处。沿省道位置与裙口线作垂线，并按垂线剪开，加入同等量◎，便于产生细褶。画顺腰围线和侧缝线。

2. 后裙片

1）取后臀围$H/4$−1cm， 为裙后片宽，取裙长-腰宽为前裙片长，制作后裙片框架。

2）取后腰围$W/4$−1cm，其余臀腰差作为腰省量。在原型基础上裙下摆处后侧缝加8cm。

3）将后裙片臀腰差作为腰省量，分为2个省道，省道位置在腰围约1/3处。沿省道位置与裙口线作垂线，并按垂线剪开，加入同等量◎，便于产生细褶。画顺腰围线和侧缝线。

3. 裙腰

在裙原型版的基础上，取4cm作为腰宽，前腰长为W+里襟长，将腰围中包含的省道部分合并，画顺前后腰弧线。

4. 加粗轮廓线，标注布纹及样片名称。如图4-3和图4-4所示。

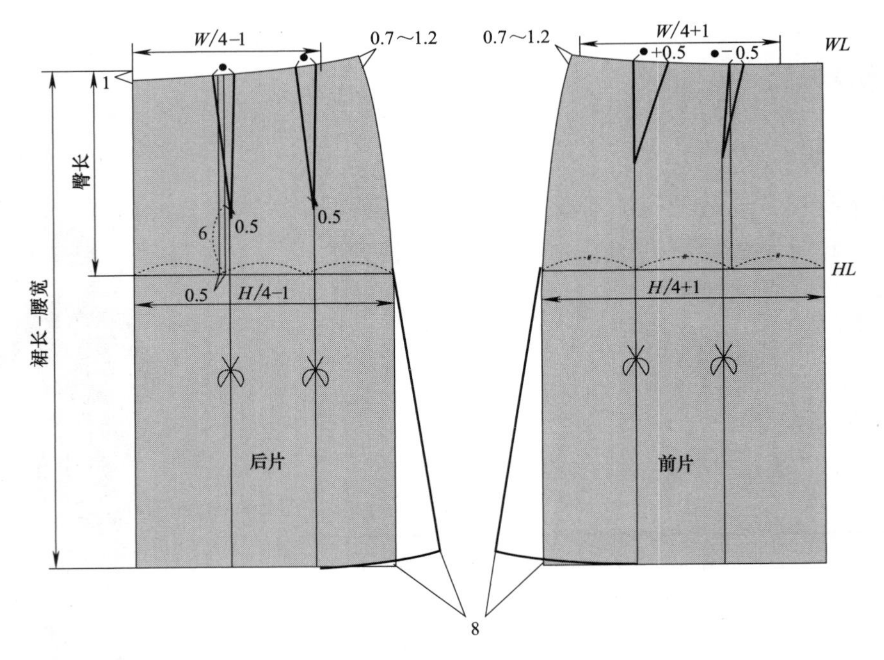

图4-3　半身裙变化款制版1

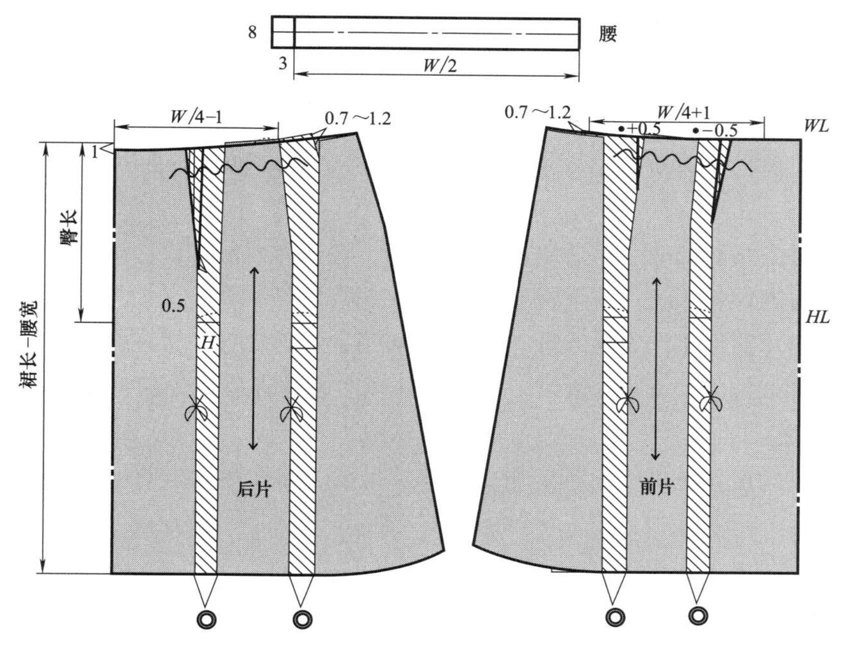

图4-4　半身裙变化款制版2

B　半身裙款式二

款式分析

此款半身裙款式造型属插片女小A短裙装款型，在裙子版型设计上以原型基础上的变化沿前后侧缝剪开进行加量，保证A形的产生，省道的转移，展示装饰效果，整体造型简洁，方便穿着，款式新颖，穿着舒适休闲。如图4-5所示。

图4-5　半身裙变化款

制图尺寸

表4-3　半身裙基础规格尺寸

（单位：cm）

部位	规格净尺寸160/68A	成品尺寸
裙长（*TL*）	52	52
腰围（*W*）	68	70
臀围（*H*）	90	94
臀长（*HL*）	18	18

详细制作步骤

1. 前裙片

1）取前臀围*H*/4+1cm，为前裙片宽，取裙长-腰宽为前裙片长，制作前裙片框架。

2）再取前腰围*W*/4+1cm，其余臀腰差作为腰省量。

3）将前裙片腰省量分为2个省道，省道位置在腰围约1/3处。

4）取臀围线向上9cm处作弧线，通过省道的分割，合并，最终将省道转移至如图4-6所示腰省位置处。

5）取相应角度作辅助线，确定裙片的外扩大小，加入侧缝小插片。

2. 后裙片

1）取后臀围$H/4-1$cm，为后裙片宽，取裙长-腰宽为后裙片长，制作后裙片框架。

2）取后腰围$W/4-1$cm，其余臀腰差作为腰省量。

3）将后裙片臀腰差作为腰省量，分为2个省道，省道位置在腰围约1/3处。

4）取臀围线向上3cm处作弧线，同前片处理，通过省道的分割、合并，最终将省道转移至相应位置。

5）取相应角度作辅助线，确定裙片的外扩大小，加入侧缝小插片。下摆做三角形状处理。

3. 裙腰

在裙原型版的基础上，取3cm作为腰宽，腰长为W+里襟长，将腰围中包含的省道部分合并，画顺前后腰弧线。

4. 加粗轮廓线，标注布纹及样片名称。如图4-6所示。

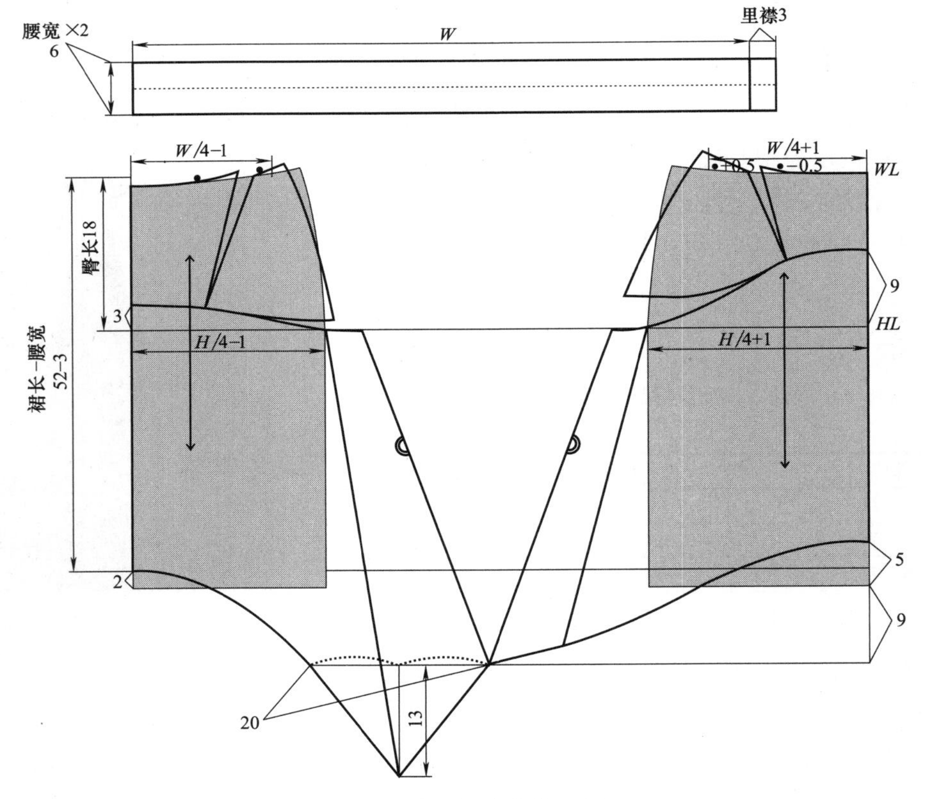

图4-6　半身裙变化款制版

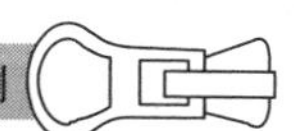

C　半身裙款式三

款式分析

此款半身裙款式造型属不规则下摆垂坠女短裙装款型，在裙子版型设计上脱离原型基础版式，以一整个正方形展开设计，整体版型简洁大方，款式较为基本，穿着舒适休闲，如图4-7所示。

图4-7　半身裙变化款

制图尺寸

表4-4　半身裙基础规格尺寸

（单位：cm）

部位	规格净尺寸160/68A	成品尺寸
裙长（TL）	65	65
腰围（W）	68	70
臀围（H）	90	94
臀长（HL）	18	18

详细制作步骤

1. 前后裙片

1）利用圆周率，根据腰围尺寸计算出圆的半径，绘制出最小的1/4圆1。

2）确定裙长（TL），绘制出最大的1/4圆2。

3）确定臀长（HL），绘制出臀围线位置1/4圆3。

2. 过圆心作45°交叉辅助线于1/4圆2，连接交点绘制矩形裙片填充颜色。

3. 裙腰

在裙原型版的基础上，取3cm作为腰宽，腰长为W+里襟长，将腰围中包含的省道部分合并，画顺前后腰弧线。

4. 加粗轮廓线，标注相应尺寸，布纹及样片名称。如图4-8所示。

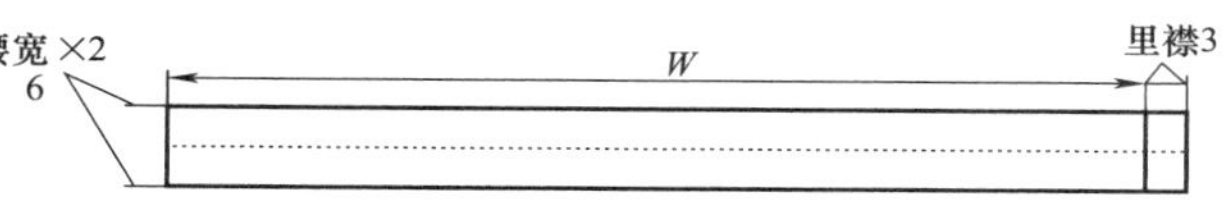

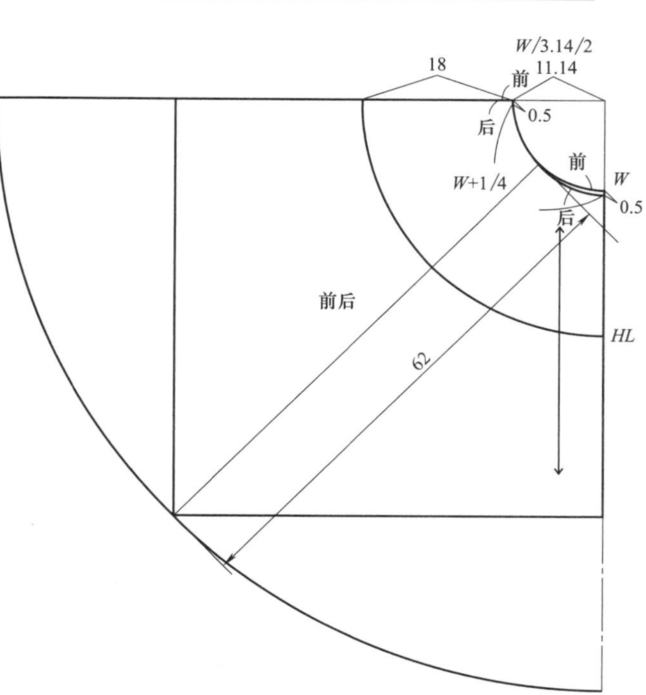

图4-8　半身裙变化款制版

D　半身裙款式四

款式分析

此款半身裙款式造型属拼接直身裙装款型，在裙子板型设计上以原型基础上将原型的省道量转移到两色拼缝中，在省的位置基础上将前后片分别进行分割处理，方便穿着，款式较为正式合体，如图4-9所示。

图4-9　半身裙变化款

制图尺寸

表4-5　半身裙基础规格尺寸

（单位：cm）

部位	规格净尺寸160/68A	成品尺寸
裙长（TL）	60	60
腰围（W）	68	70
臀围（H）	90	94
臀长（HL）	18	18

详细制作步骤

1. 前裙片

1）取前臀围$H/4+1$cm，为前裙片宽，取裙长–腰宽为前裙片长，制作前裙片框架。

2）再取前腰围$W/4+1$cm，其余臀腰差作为腰省量。

3）将省道量转移到前片两片的拼缝位置。画顺腰围线和侧缝线。

2. 后裙片

1）取后臀围$H/4-1$cm，为后裙片宽，取裙长–腰宽为后裙片长，制作后裙片框架。

2）取后腰围$W/4-1$cm，其余臀腰差作为腰省量。

3）将省道量转移到后片两片的拼缝位置。画顺腰围线和侧缝线。

3. 加粗轮廓线，标注布纹及样片名称。如图4-10所示。

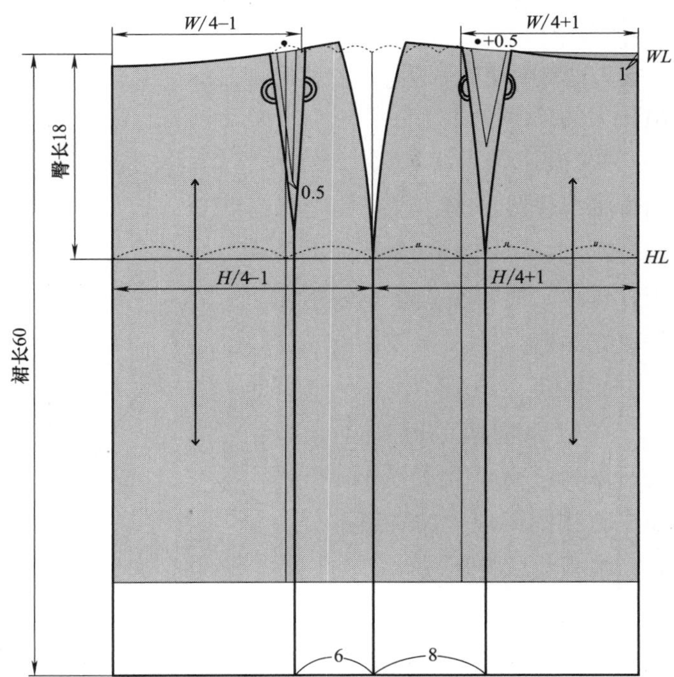

图4-10　半身裙变化款制版

E　半身裙款式五

款 式 分 析

此款半身裙款式造型属抽细褶蓬松女层裙裙装款型，由裙里和裙面两部分组成。裙里为原型版式做加长处理，裙面分别为三片不同的长方形，款式稍显繁复，穿着舒适休闲，如图4-11所示。

图4-11　半身裙变化款

制 图 尺 寸

表4-6　半身裙基础规格尺寸

（单位：cm）

部位	规格净尺寸160/68A	成品尺寸
裙长（*TL*）	70	70
腰围（*W*）	68	70
臀围（*H*）	90	100
臀长（*HL*）	18	18

详 细 制 作 步 骤

1. 前里裙片

1）取前臀围$H/4+1$cm，为前里裙片宽，取裙长–腰宽为前里裙片长，制作前里裙片框架。

2）再取前腰围$W/4+1$cm，其余臀腰差作为腰省量。

3）将前裙片腰省量分为2个省道，省道位置在腰围约1/3处，省长至中臀围线。画顺腰围线和侧缝线。

2. 后里裙片

1）取后臀围$H/4-1$cm，为后里裙片宽，取裙长–腰宽为后里裙片长，制作后里裙片框架。

2）取后腰围$W/4-1$cm，其余臀腰差作为腰省量。

3）将后裙片腰省量分为2个省道，省道位置在腰围约1/3处，近中心线的省长距臀围线5~6cm，画顺腰围线和侧缝线。

3.裙腰

在裙原型版的基础上，取4cm作为腰宽，前腰长为W+里襟长，将腰围中包含的省道部分合并，画顺前后腰弧线。

4.根据款式，每段纵向长短分别为28cm、13cm、13cm。两片重叠部分为3.5cm。第一片宽度为1.5W，后面则是上面一片的两倍宽度。

5. 加粗轮廓线，标注布纹及样片名称。如图4-12所示。

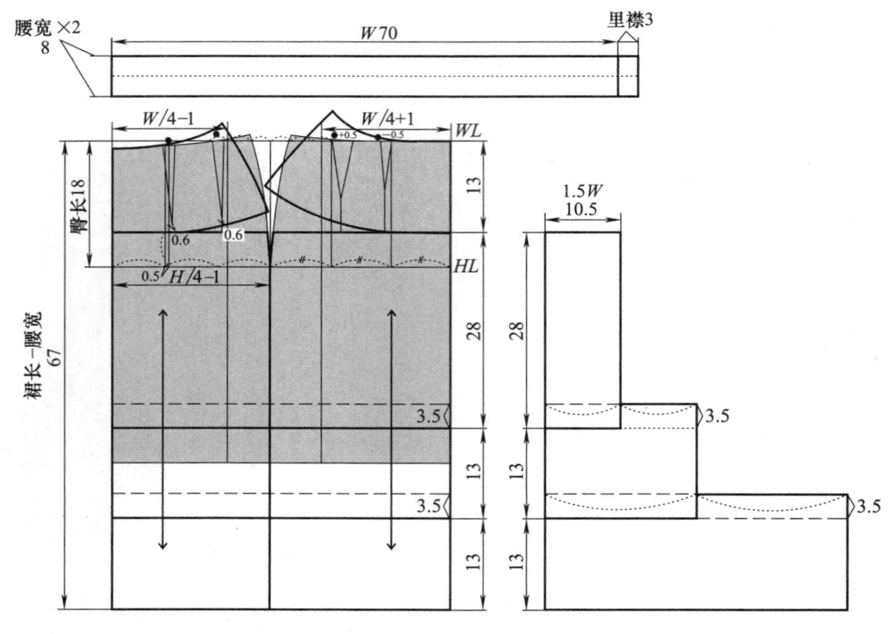

图4-12　半身裙变化款制版

第二节　经典女裤款式及变化款打板

一、女裤原型的制版方法及步骤

1. 整体框架做法

1）根据裤子尺寸（表4-7）作水平腰围线（*WL*），根据臀长、上裆长、中裆、裤长分别作臀围线（*HL*）、立裆线、中裆线及脚口线等基础线。

2）前后片宽度取*H*/2+立裆宽（0.15*H*），制作裤装制版基础线。如图4-13所示。

表4-7　女裤基础规格尺寸　（单位：cm）

部位	规格净尺寸160/68A	成品尺寸
裤长（*TL*）	96	100
腰围（*W*）	68	70
臀围（*H*）	90	94
立裆深（*CR*）	28	28
裤脚口（*SB*）	20	20

注：裤长（*TL*）、裤脚口（*SB*）可根据款式规格来定，单位均为厘米（cm）。

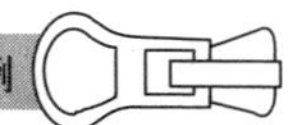

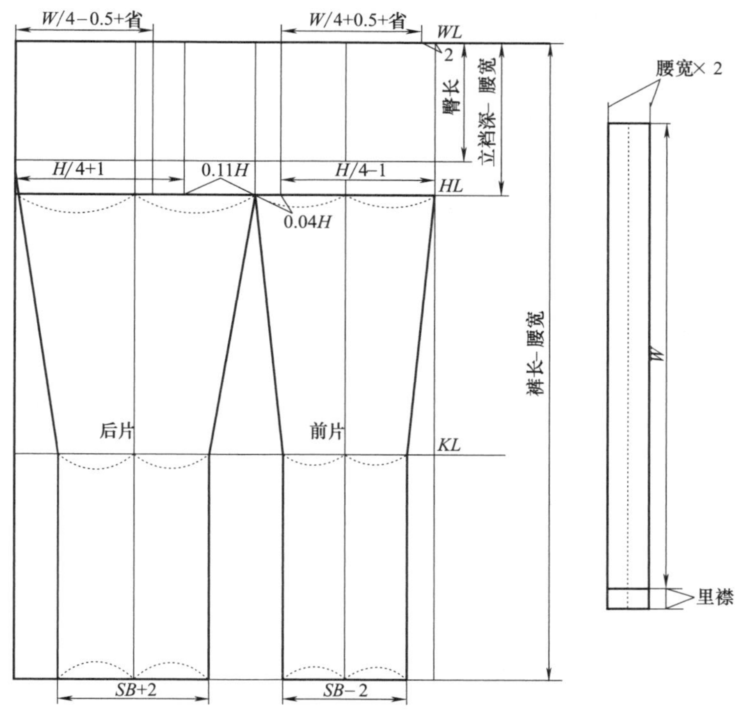

图4-13　女裤原型框架

2. 详细制作步骤

（1）前裤片

1）取前臀围H/4−1cm，前裆宽取0.04H，在前横裆中点位置作前挺缝线。

2）再取前腰围W/4+0.5cm+省，前中心处向内撇进1cm，前腰中心下落1cm。其余臀腰差作为腰省量。

（2）后裤片

1）取后臀围H/4+1cm，后裆宽取0.11H，在后横裆中点位置作后挺缝线。

2）后上裆倾斜角12°，在腰围基础线上取后上裆斜线与侧缝的中点并向后上裆斜线作垂线，确定后上裆起翘量，取后腰围W/4−0.5cm+省，后侧缝向内撇进0.5cm，其臀腰差作为腰省量，画顺腰围线、后上裆弧线和上裆部位侧缝线，省道位置约为后腰围中点处。

（3）后裆与下裆部位

1）以前、后挺缝线为中心，分别在脚口线上取前脚口为SB−2cm、后脚口为SB+2cm，前后中裆分别与脚口大小相同，连接中裆与脚口，用内凹线条画顺中裆以上的内裆弧线及侧缝线，注意线条要流畅圆顺。

2）测量前后裤片内裆缝长度并将后裆宽点做下落调整，一般后裆下落量为0~1cm，使前后裤片内裆缝长相等。

（4）裤腰　取腰宽为3cm，腰长为W+里襟长。

（5）加粗轮廓线，标注布纹及样片名称。如图4-14所示。

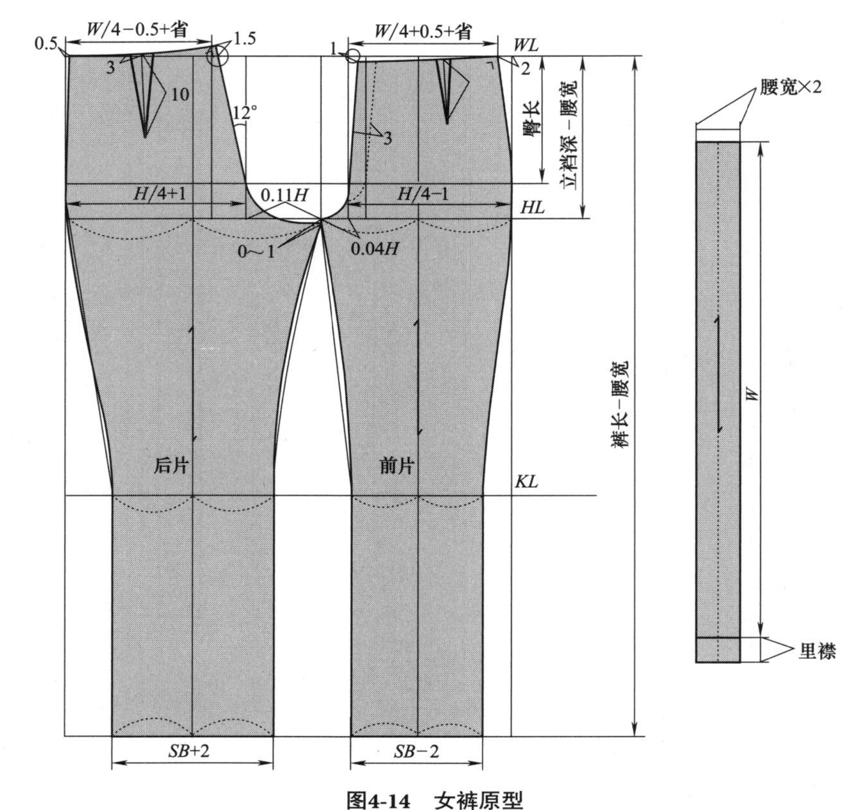

图4-14　女裤原型

二、女裤变化款打板

A　女裤款式一

款式分析

此款裤款式造型属低腰微喇型女裤装款型，裤子版型设计是在原型基础上合并了前腰省量，增加了侧插袋设计，方便穿着，款式较为基本，穿着舒适休闲，如图4-15所示。

图4-15　女裤变化款

制图尺寸

表4-8　女裤基础规格尺寸

（单位：cm）

部位	规格净尺寸160/68A	成品尺寸
裤长（TL）	96	100
腰围（W）	68	70
臀围（H）	90	94
立裆深（CR）	28	28
裤脚口（SB）	22	22

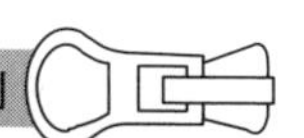

详细制作步骤

1. 前裤片

1）取前臀围$H/4-1$cm，前裆宽取$0.04H$，在前横裆中点位置作前挺缝线。

2）再取前腰围$W/4+0.5$cm+省，前中心处向内撇进1cm，前腰中心下落1cm。其余臀腰差作为腰省量。

2. 后裤片

1）取后臀围$H/4+1$cm，后裆宽取$0.11H$，在后横裆中点位置作后挺缝线。

2）后上裆倾斜角15°，在腰围基础线上取后上裆斜线与侧缝的中点并向后上裆斜线作垂线，确定后上裆起翘量，取后腰围$W/4-0.5$cm+省，后侧缝向内撇进0.5cm，其臀腰差作为腰省量，画顺腰围线、后上裆弧线和上裆部位侧缝线，省道位置约为后腰围中点处。

3. 后裆与下裆部位

1）以前、后挺缝线为中心，分别在脚口线上取前脚口为$SB-1.5$cm、后脚口为$SB+1.5$cm，前后中裆比脚口向内收2.5cm，连接中裆与脚口，形成微喇效果。用内凹线条画顺中裆以上的内裆弧线及侧缝线，注意线条要流畅圆顺。

2）测量前后裤片内裆缝长度并将后裆宽点做下落调整，一般后裆下落量为0~1cm，使前后裤片内裆缝长相等。

4. 裤腰

在裤原型版的基础上，腰围线下落4cm以绘制裤子低腰款式，再向下取3cm作为腰宽，前腰长为W+里襟长，将腰围中包含的省道部分合并，画顺前后腰弧线。

5. 加粗轮廓线，标注布纹及样片名称。如图4-16所示。

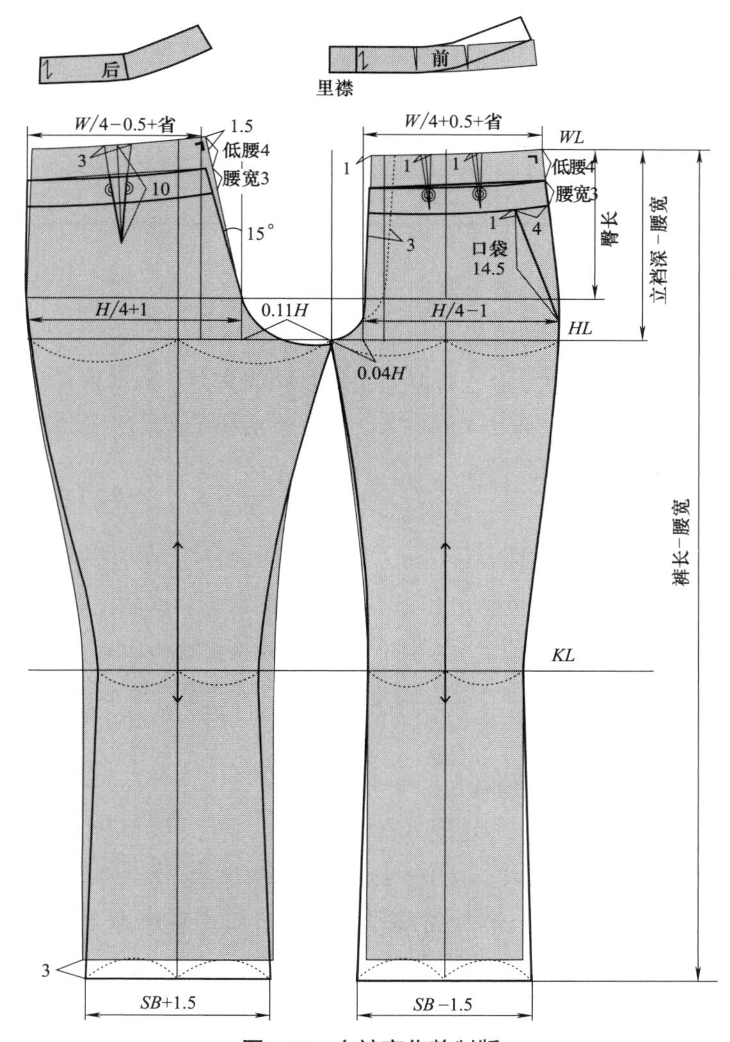

图4-16　女裤变化款制版

B 女裤款式二

款式分析

此款裤款式造型属小脚中裤女裤装款型，裤子版型设计是在原型基础上将裤长变短，方便穿着，款式较为基本，穿着贴体，如图4-17所示。

图4-17 女裤变化款

制图尺寸

表4-9 女裤基础规格尺寸

（单位：cm）

部位	规格净尺寸160/68A	成品尺寸
裤长（*TL*）	70	70
腰围（*W*）	68	70
臀围（*H*）	90	94
立裆深（*CR*）	28	28
裤脚口（*SB*）	19	19

详细制作步骤

1. 前裤片

1）取前臀围$H/4-1$cm，前裆宽取$0.04H$，在前横裆中点位置作前挺缝线。

2）再取前腰围$W/4+0.5$cm+省，前中心处向内撇进1cm，前腰中心下落1cm。其余臀腰差作为腰省量。

2. 后裤片

1）取后臀围$H/4+1$cm，后裆宽取$0.11H$，在后横裆中点位置作后挺缝线。

2）后上裆倾斜角12°，在腰围基础线上取后上裆斜线与侧缝的中点并向后上裆斜线作垂线，确定后上裆起翘量，取后腰围$W/4-0.5$cm+省，后侧缝向内撇进0.5cm，其臀腰差作为腰省量，画顺腰围线、后上裆弧线和上裆部位侧缝线，省道位置约为后腰围中点处。

3. 后裆与下裆部位

1）以前、后挺缝线为中心，分别在脚口线上取前脚口为$SB-1$cm、后脚口为$SB+1$cm。用内凹线条画顺中裆以上的内裆弧线及侧缝线，注意线条要流畅圆顺。

2）测量前后裤片内裆缝长度并将后裆宽点做下落调整，一般后裆下落量为0~1cm，使前后裤片内裆缝长相等。

4. 绘制裤腰。

5. 加粗轮廓线，标注布纹及样片名称。如图4-18所示。

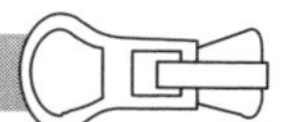

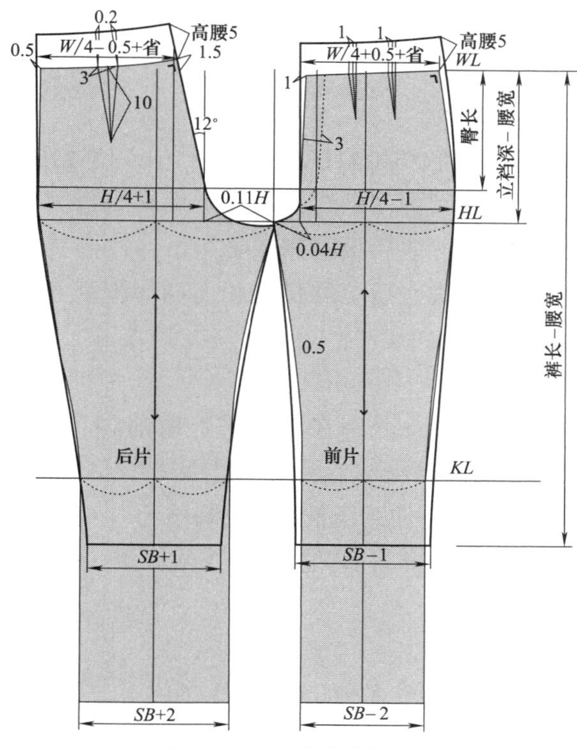

图4-18　女裤变化款制版

C　女裤款式三

款式分析

此款裤款式造型属锥型女裤装款型，从臀围向裤口逐渐收小变窄，增加了侧插袋设计，方便穿着，款式较为基本，穿着舒适休闲，如图4-19所示。

图4-19　女裤变化款

制图尺寸

表4-10　女裤基础规格尺寸

（单位：cm）

部位	规格净尺寸160/68A	成品尺寸
裤长（TL）	95	95
腰围（W）	68	70
臀围（H）	104	104
立裆深（CR）	28	28
裤脚口（SB）	24	24

详细制作步骤

1. 前裤片

1）取前臀围$H/4-1$cm，前裆宽取$0.04H$，在前横裆中点位置作前挺缝线。

2）再取前腰围$W/4$+0.5cm+省，前中心处向内撇进1cm，前腰中心下落1cm。其余臀腰差作为腰省量。

2. 后裤片

1）取后臀围$H/4$+1cm，后裆宽取0.11H，在后横裆中点位置作后挺缝线。

2）后上裆倾斜角12°，在腰围基础线上取后上裆斜线与侧缝的中点并向后上裆斜线作垂线，确定后上裆起翘量，取后腰围$W/4$−0.5cm+省，后侧缝向内撇进0.5cm，其臀腰差作为腰省量，画顺腰围线、后上裆弧线和上裆部位侧缝线，省道位置约为后腰围中点处。

3. 后裆与下裆部位

1）以前、后挺缝线为中心，分别在脚口线上取前脚口为SB−1.5cm、后脚口为SB+1.5cm、前后中裆比脚口向内收1cm，连接中裆与脚口，形成锥形效果。用内凹线条画顺中裆以上的内裆弧线及侧缝线，注意线条要流畅圆顺。

2）测量前后裤片内裆缝长度并将后裆宽点做下落调整，一般后裆下落量为0~1cm，使前后裤片内裆缝长相等。

4. 绘制裤腰。

5. 加粗轮廓线，标注布纹及样片名称。如图4-20所示。

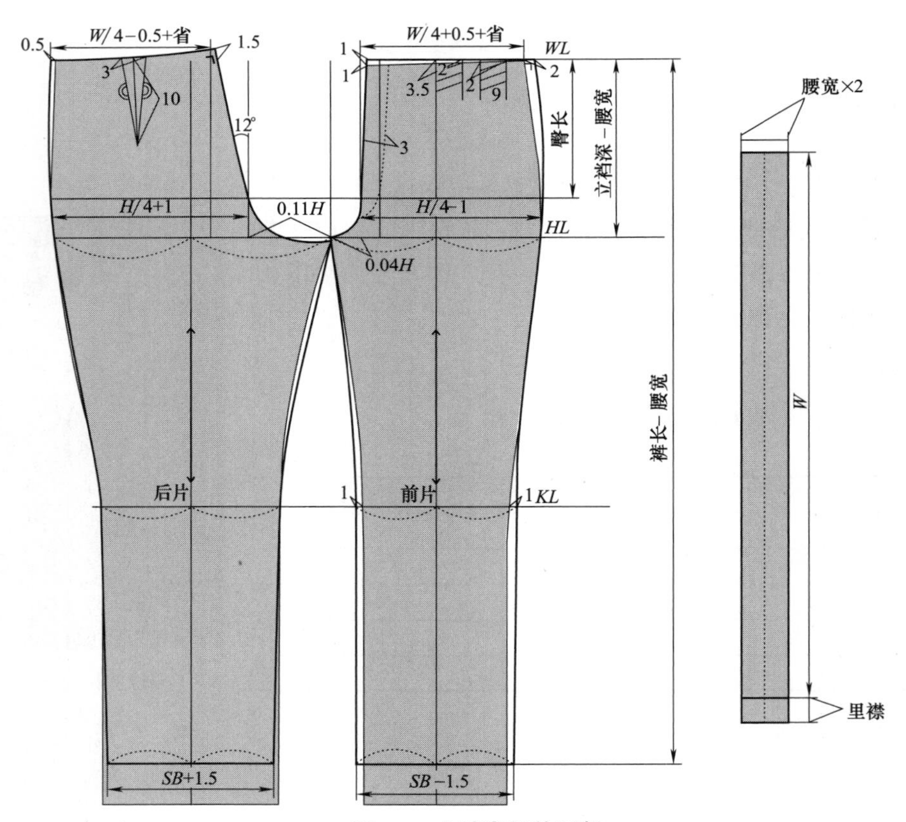

图4-20 女裤变化款制版

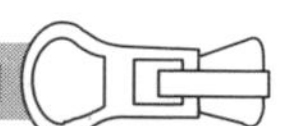

D 女裤款式四

款式分析

此款裤款式造型属高腰直筒型女裤装款型，裤子版型设计是在原型基础上合并了前腰省量，增加了侧插袋设计，方便穿着，款式较为基本，穿着舒适休闲，如图4-21所示。

图4-21 女裤变化款

制图尺寸

表4-11 女裤基础规格尺寸

（单位：cm）

部位	规格净尺寸160/68A	成品尺寸
裤长（*TL*）	80	80
腰围（*W*）	68	70
臀围（*H*）	90	94
立裆深（*CR*）	28	28
裤脚口（*SB*）	20	20

详细制作步骤

1. 前裤片

1）取前臀围$H/4-1$cm，前裆宽取$0.04H$，在前横裆中点位置作前挺缝线。

2）再取前腰围$W/4+0.5$cm+省，前中心处向内撇进1cm，前腰中心下落1cm。其余臀腰差作为腰省量。

2. 后裤片

1）取后臀围$H/4+1$cm，后裆宽取$0.11H$，在后横裆中点位置作后挺缝线。

2）后上裆倾斜角12°，在腰围基础线上取后上裆斜线与侧缝的中点并向后上裆斜线作垂线，确定后上裆起翘量，取后腰围$W/4-0.5$cm+省，后侧缝向内撇进0.5cm，其臀腰差作为腰省量，画顺腰围线、后上裆弧线和上裆部位侧缝线，省道位置约为后腰围中点处。

3. 后裆与下裆部位

1）以前、后挺缝线为中心，分别在脚口线上取前脚口为$SB-2$cm，后脚口为$SB+2$cm。用内凹线条画顺中裆以上的内裆弧线及侧缝线，注意线条要流畅圆顺。

2）测量前后裤片内裆缝长度并将后裆宽点做下落调整，一般后裆下落量为0~1cm，使前后裤片内裆缝长相等。

4. 裤腰

在裤原型版的基础上，延长后裆弧线，垂直向前中心线和侧缝线，截取5cm作为腰宽。

5. 加粗轮廓线，标注布纹及样片名称。如图4-22所示。

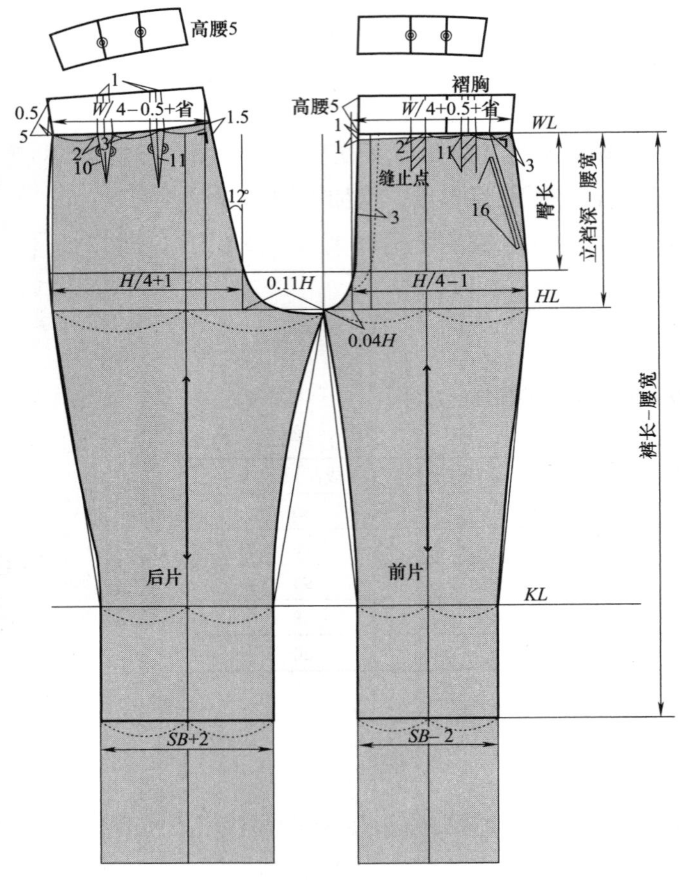

图4-22　女裤变化款制版

E　女裤款式五

款式分析

此款裤款式造型属于女裙裤装款型，裤子版型设计是在原型基础上合并了前后腰省量，方便穿着，款式较为基本，穿着舒适休闲，如图4-23所示。

图4-23　女裤变化款

制图尺寸

表4-12　女裙裤基础规格尺寸

（单位：cm）

部位	规格净尺寸160/68A	成品尺寸
裤长（*TL*）	95	95
腰围（*W*）	68	70
臀围（*H*）	90	94
立裆深（*CR*）	30	30

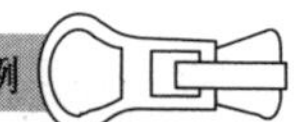

详细制作步骤

1）在裙裤的基本结构上，取前臀围$H/4$+1cm，后臀围$H/4$−1cm，前腰围$W/4$+1cm，后腰围$W/4$−1cm，画顺基础腰围线。

2）按照图4-24画出前后裆宽，前裆加出0.09H的量作为裆宽，后裆加出0.12H的量作为裆宽，画顺前后上裆弧线。

3）沿裙片向下延伸画出裙裤脚口线，前后脚口外侧缝分别向外3cm，前脚口内侧缝向外2cm，后脚口内侧缝向外3cm，画顺侧缝线和脚口弧线。

4）从省尖点垂直向下作辅助线至下摆，沿辅助线剪开，根据款式闭合省道，在臀围及下摆加入展开量，达到该裙裤臀围的设计规格。

5）加粗轮廓线，标注布纹及样片名称。如图4-24所示。

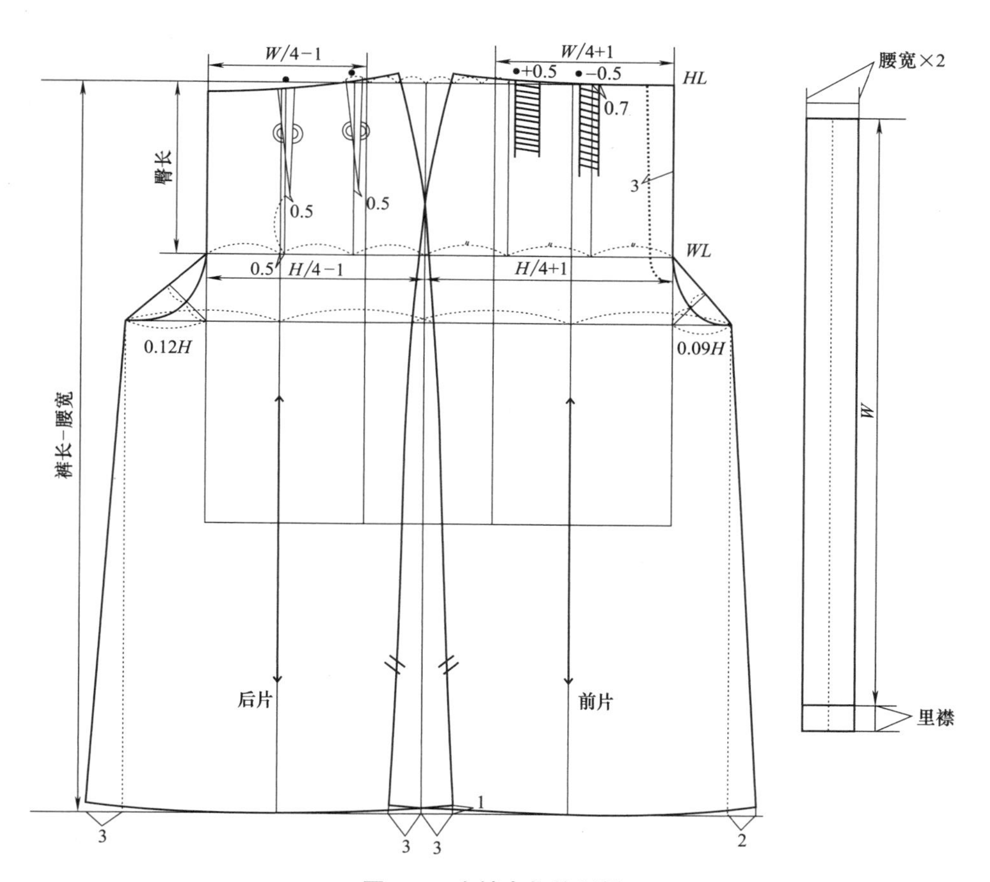

图4-24 女裤变化款制版

第三节　经典女式衬衫款式及变化款打板

A　女式衬衫款式一

款式分析

此款女式衬衫款式造型属休闲宽松款型，衣身修身自然，为长袖造型。款式较为基本休闲，穿着舒适随意，如图4-25所示。

图4-25　女式衬衫变化款

制图尺寸

表4-13　女式衬衫基础规格尺寸

（单位：cm）

部位	规格净尺寸160/84A	成品尺寸
衣长（*L*）	58	58
背长（*BWL*）	38	38
胸围（*B*）	84	92
腰围（*W*）	68	76
肩宽（*S*）	39	39
袖长（*SL*）	56	56
袖口（*CW*）	13	13

详细制作步骤

1. 前衣身

1）前片在衣身原型基础上，将衣长设为58cm。在原型胸围线（*BL*）基础上向下8cm，定为*F*点，与*BP*相连，作腰省分割线，再合并转移原型袖省量至腰省，省尖离*BP* 2~3cm。

2）*FNP*在原型基础上向上移0.5cm，*SNP*不动，修顺前领弧线。在前中心线位置上延伸出2cm，作为衬衫门襟。

3）在腰围线（*WL*）上侧缝处向内收1cm。前中心线向下加长2cm作为前浮余量。

2. 后衣身

1）考虑此款为休闲宽松的款式，在衣身原型基础上，将衣长设为58cm。以原型袖窿线作胸围线（*BL*），不收腰省，侧缝处向内收1cm。

2）*BNP*、*SNP*基本与原型一致，修顺后领弧线。

3）下摆无翘起，符合人体曲线。如图4-26所示。

3. 袖子

1）根据衣身原型的前后袖窿，将前片胸省转移，袖窿省闭合，画圆顺前后袖窿弧线。确定袖山高，方法：计算由前后肩点高度的1/2位置点到胸围线（*BL*）之间的高度，取其5/6作为袖山高。

2）在袖原型基础框架上定袖肥，作为前、后袖山弧线。

3）作袖口线。袖克夫为袖口长度，在后袖1/2处开袖叉12cm。

4）连接各个定位点，修顺线条，完成袖型。如图4-27所示。

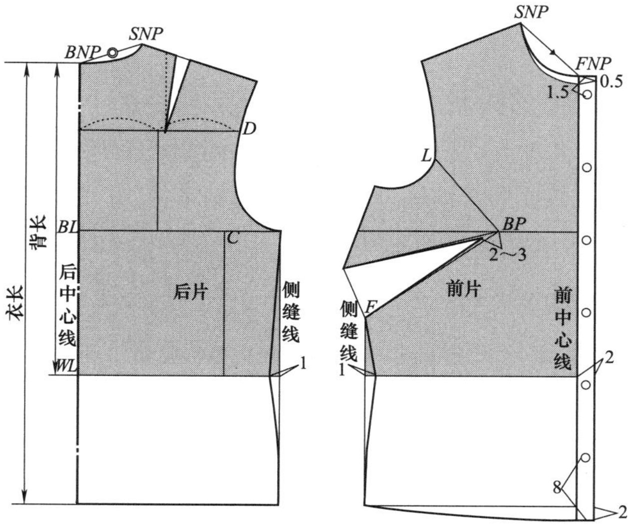

图4-26 女式衬衫变化款衣身制版

4. 领子

领子取前片与后片的前领围▲和后领围◎，作领座参考线，领座高3cm，领面宽5cm，领座与领面底边线长度要能对合。如图4-28所示。

5. 加粗轮廓线，标注布纹及样片名称。

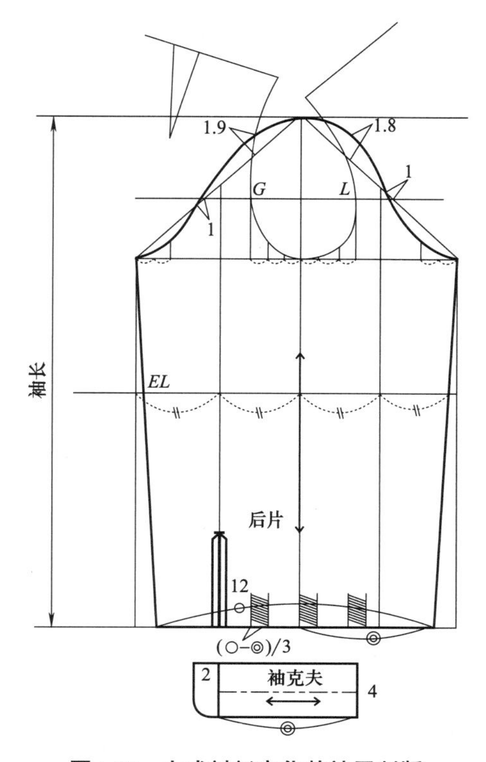

图4-27 女式衬衫变化款袖子制版

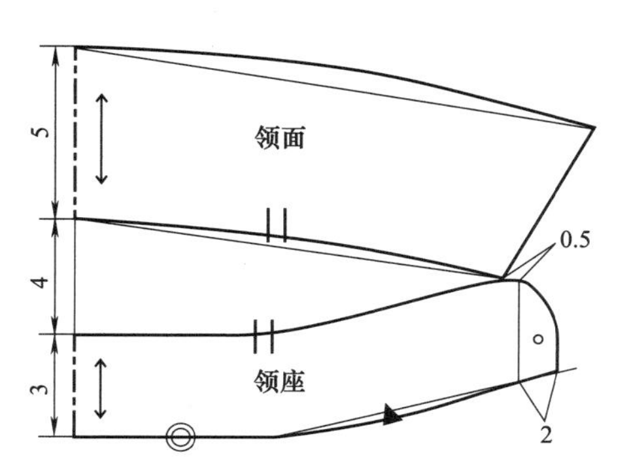

图4-28 女式衬衫变化款领子制版

B 女式衬衫款式二

款式分析

此款女式衬衫款式造型属休闲宽松款型，衣身修身自然，为长袖造型。款式较为基本休闲，穿着舒适随意，如图4-29所示。

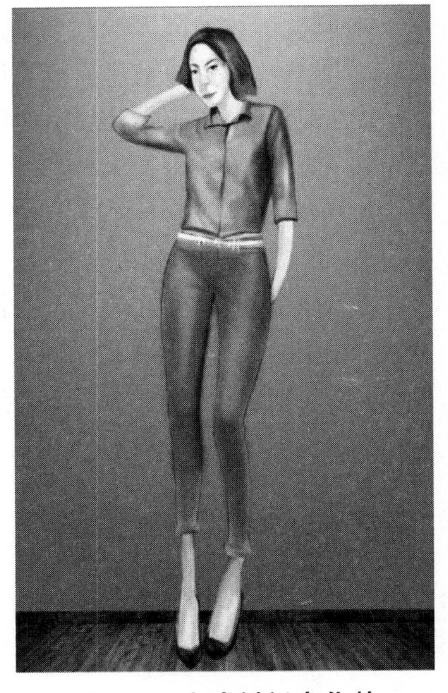

图4-29 女式衬衫变化款

制图尺寸

表4-14 女式衬衫基础规格尺寸

（单位：cm）

部位	规格净尺寸160/84A	成品尺寸
衣长（*L*）	58	58
背长（*BWL*）	38	38
胸围（*B*）	84	92
腰围（*W*）	68	76
肩宽（*S*）	39	39
袖长（*SL*）	43	43
袖口（*CW*）	15	15

详细制作步骤

1. 前衣身

1）前片在衣身原型基础上，将衣长设为58cm。从*BP*向腰围线（*WL*）作垂线，交于*F*点，以*F*点为中心，确定腰省分割线，再合并转移原型袖省量至腰省，省尖离*BP* 2~3cm。

2）*FNP*在原型基础上向上移0.5cm，*SNP*不动，修顺前领弧线。在前中心线位置上延伸出2cm，作为衬衫门襟。

3）在腰围线（*WL*）上侧缝处向内收1cm。前中心线向外加2cm作为叠门放置纽扣。

2. 后衣身

1）考虑此款为休闲宽松的款式，在衣身原型基础上，将衣长设为58cm。以原型袖窿线作胸围线（*BL*），不收腰省，侧缝处向内收1cm。

2）*BNP*、*SNP*基本与原型一致，修顺后领弧线。

3）下摆无翘起，符合人体曲线。如图4-30所示。

3. 袖子

1）根据衣身原型的前后袖窿，将前片胸省转移，袖窿省闭合，画圆顺前后袖窿弧线。确定袖山高，方法：计算由前后肩点高度的1/2位置点到胸围线（*BL*）之间的高度，取其5/6作为袖山高。

2）在袖原型基础框架上定袖肥，作为前、后袖山弧线。

3）作袖口线。袖克夫为袖口长度，在后袖1/2处开袖叉8cm。

4）连接各个定位点，修顺线条，完成袖型。如图4-31所示。

4. 领子

领子取前片与后片的前领围▲和后领围◎，作领座参考线，领座高3cm，领面宽5cm，领座与领面底边线长度要能对合。如图4-32所示。

5. 加粗轮廓线，标注布纹及样片名称。

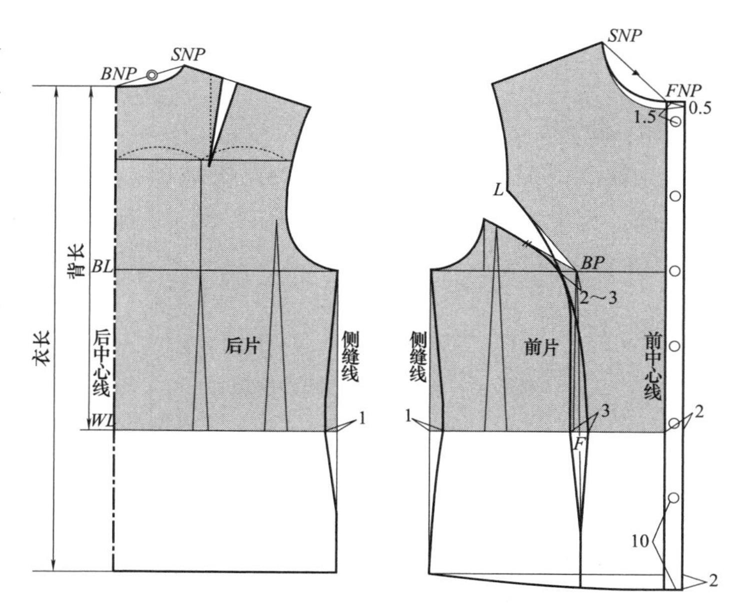

图4-30　女式衬衫变化款衣身制版

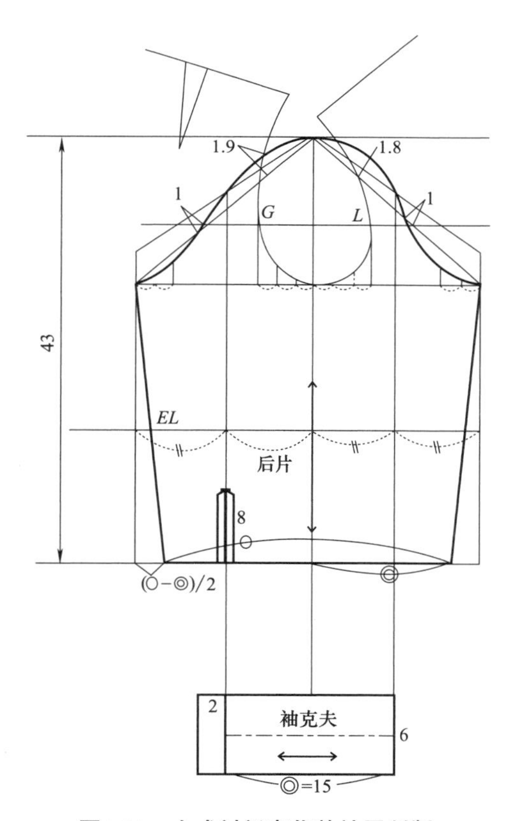

图4-31　女式衬衫变化款袖子制版

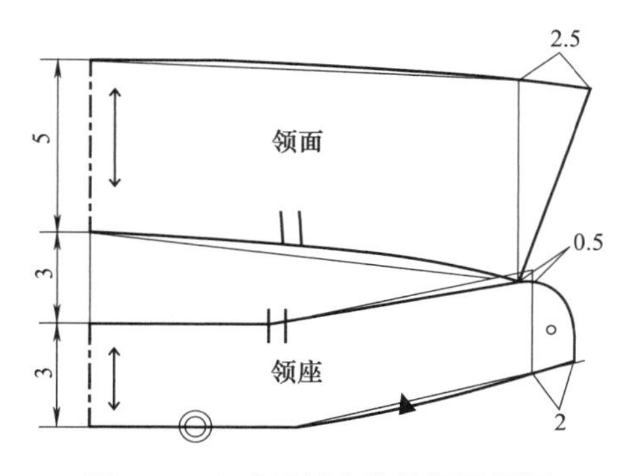

图4-32　女式衬衫变化款领子制版

C 女式衬衫款式三

款式分析

此款女式衬衫款式造型属休闲宽松款型，衣身宽大飘逸，为中袖造型。款式较为休闲随意，穿着舒适自然，如图4-33所示。

图4-33 女式衬衫变化款

制图尺寸

表4-15 女式衬衫基础规格尺寸

（单位：cm）

部位	规格净尺寸160/84A	成品尺寸
衣长（*L*）	70	70
背长（*BWL*）	38	38
胸围（*B*）	84	98
腰围（*W*）	68	98
肩宽（*S*）	39	39
袖长（*SL*）	43	43
袖口（*CW*）	15	15

详细制作步骤

1. 前衣身

1）前片在衣身原型基础上，将衣长设为52cm。

2）*FNP*在原型基础上向上移0.5cm，*SNP*不动，修顺前领弧线。在前中心线位置上延伸出2cm，作为衬衫门襟。

3）侧缝线向外放2cm，袖笼处下降1cm。前中心线向外放2cm作为前叠门量。

2. 后衣身

1）考虑此款为休闲宽松的款式，在衣身原型基础上，将衣长设为70cm。以原型袖窿线作胸围线（*BL*），不收腰省，侧缝线向外放2cm，袖笼处下降1cm。

2）*BNP*、*SNP*基本与原型一致，修顺后领弧线。

3）下摆无翘起，符合人体曲线。如图4-34所示。

3. 袖子

1）根据衣身原型的前后袖窿，将前片胸省转移，袖窿省闭合，画圆顺前后袖窿弧线。确定袖山高，方法：计算由前后肩点高度的1/2位置点到胸围线（*BL*）之间的高度，取其5/6作为袖山高。

2）在袖原型基础框架上定袖肥，作为前、后袖山弧线。

3）作袖口线。袖克夫为袖口长度，在后袖1/2处开袖叉8cm，袖口褶皱量为○－◎

的量。

4）连接各个定位点，修顺线条使后袖窿线▲与后片袖窿相等，前袖窿线△与前片袖窿相等，完成袖造型。如图4-35所示。

4. 领子

领子取前片与后片的前领围▲和后领围◎，作领座参考线，领座高3cm，领面宽5cm，领座与领面底边线长度要能对合。如图4-36所示。

5. 加粗轮廓线，标注布纹及样片名称。

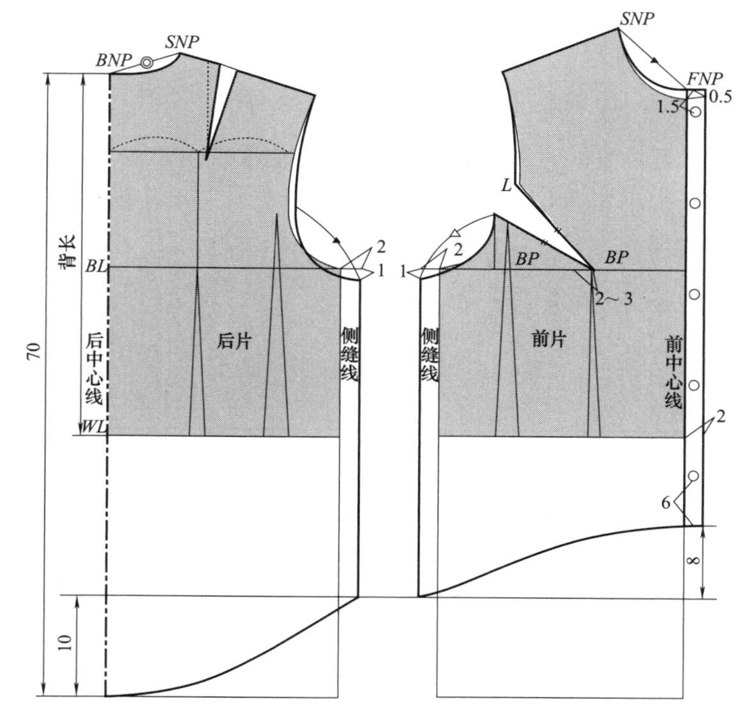

图4-34　女式衬衫变化款衣身制版

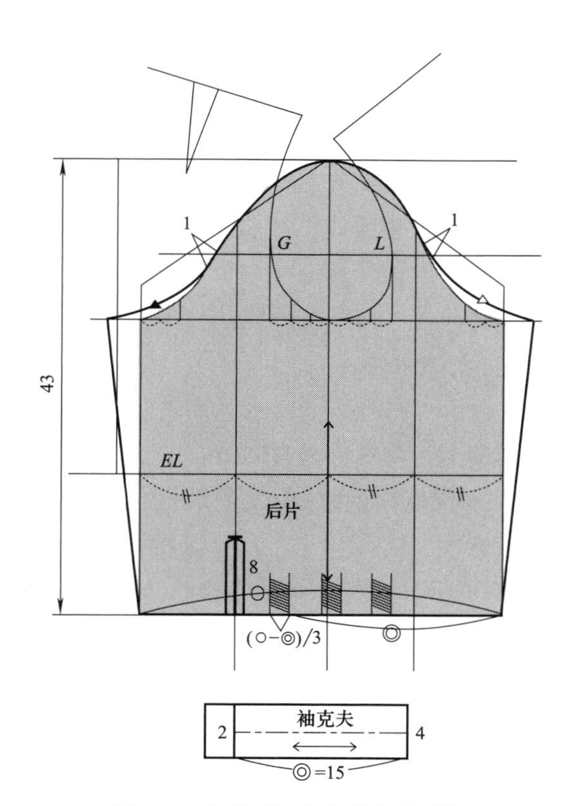

图4-35　女式衬衫变化款袖子制版

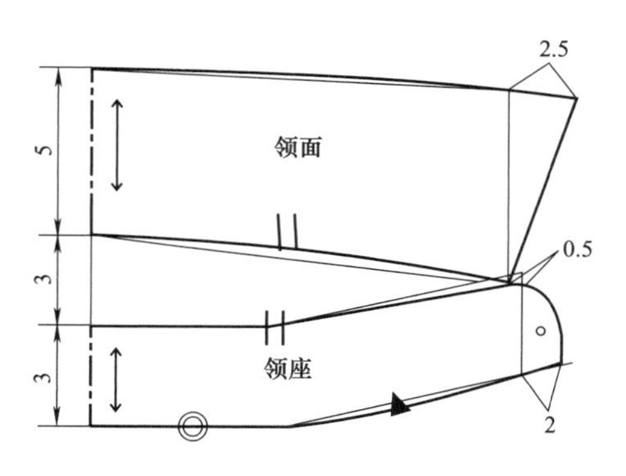

图4-36　女式衬衫变化款领子制版

D 女式衬衫款式四

款式分析

此款女式衬衫款式造型属贴身合体款型，衣身修身自然，为小立领九分袖造型。款式较为基本，可用于休闲与正式场合，穿着较时尚，如图4-37所示。

图4-37 女式衬衫变化款

制图尺寸

表4-16 女式衬衫基础规格尺寸

（单位：cm）

部位	规格净尺寸160/84A	成品尺寸
衣长（*L*）	55	55
背长（*BWL*）	38	38
胸围（*B*）	84	92
腰围（*W*）	68	76
肩宽（*S*）	39	39
袖长（*SL*）	50	54
袖口（*CW*）	13	13

详细制作步骤

1. 前衣身

1）前片在衣身原型基础上，将衣长设为55cm，胸省转移到肩部与腰部。

2）*FNP*在原型基础上向上移0.5cm，*SNP*不动，修顺前领弧线。在前中心线位置上延伸出2cm，作为衬衫门襟。

3）在腰围线（*WL*）上侧缝线向内收1cm定腰侧缝位置，修顺侧缝线。

4）前下摆处向下加2cm，作为前片浮余量，符合人体曲线。

2. 后衣身

1）考虑此款为休闲宽松的款式，在衣身原型基础上，将衣长设为55cm。以原型袖窿线作胸围线（*BL*），不收腰省，在腰围线（*WL*）上侧缝线向内收1cm定腰侧缝位置，修顺侧缝线。

2）*BNP*、*SNP*基本与原型一致，修顺后领弧线。

3）后下摆无翘起，符合人体曲线。如图4-38所示。

3. 袖子

1）根据衣身原型的前后袖窿，将前片胸省转移，袖窿省闭合，画圆顺前后袖窿弧线。确定袖山高，方法：计算由前后肩点高度的1/2位置点到胸围线（*BL*）之间的高度，取其5/6作为袖山高。

2）在袖原型基础框架上定袖肥，作为前、后袖山弧线。

3）作袖口线。袖克夫为袖口长度，在后袖1/2处开袖叉12cm。

4）连接各个定位点，修顺线条，完成袖原型。如图4-39所示。

4. 领子

此款为立领造型，领高4cm，以前后片领围长为基础（▲+◎）进行领子绘制。如图4-40所示。

5. 加粗轮廓线，标注布纹及样片名称。

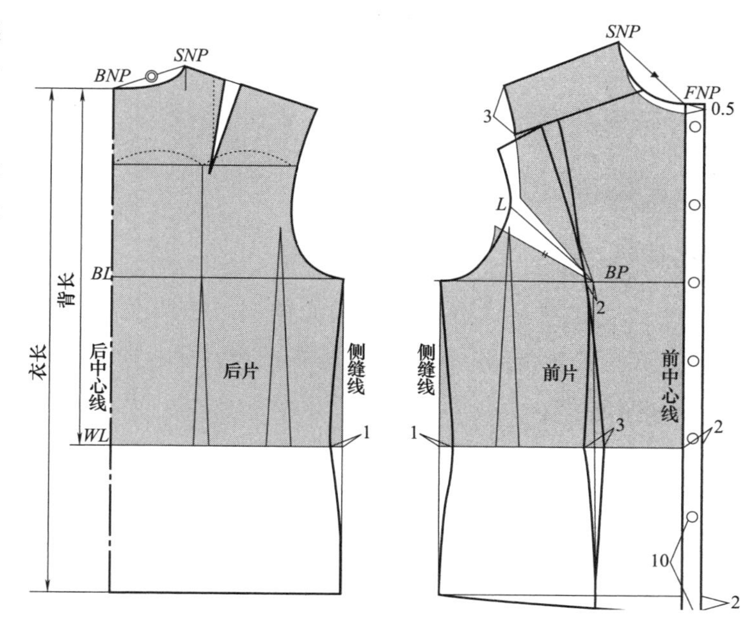

图4-38　女式衬衫变化款衣身制版

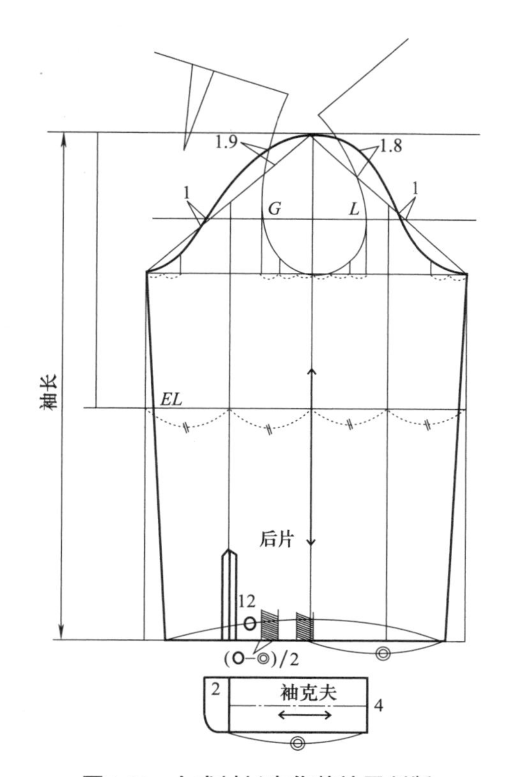

图4-39　女式衬衫变化款袖子制版

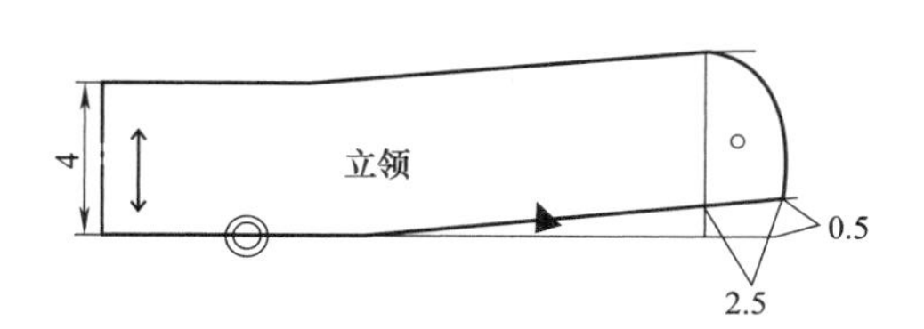

图4-40　女式衬衫变化款领子制版

第四节　经典连衣裙款式及变化款打板

A　连衣裙款式一

款式分析

此款连衣裙款式造型属无领无袖型，依靠公主线造型，衣身修身自然。款式较为基本正式，穿着大气自然，如图4-41所示。

图4-41　连衣裙变化款

制图尺寸

表4-17　连衣裙基础规格尺寸

（单位：cm）

部位	规格净尺寸160/84A	成品尺寸
裙长（*SL*）	120	120
背长（*BWL*）	38	38
胸围（*B*）	84	92
腰围（*W*）	68	76
肩宽（*S*）	38	38

详细制作步骤

1. 前衣身

1）前片在衣身原型基础上，将裙长设为120cm。胸腰省尖离*BP* 2.5cm，与腰省相连接，腰省为3cm。

2）*FNP*在原型基础上向上移1cm，*SNP*按肩线向下2.5cm，修顺前领弧线。

3）在腰围线（*WL*）上侧缝处向内收3cm。口袋距侧缝3.5cm，口袋长为13cm。

2. 后衣身

1）考虑此款为休闲款式，在衣身原型基础上，将裙长设为120cm。以原型袖窿线作胸围线（*BL*），与腰省一起作公主线（刀背省），侧缝处向内收3cm。

2）*BNP*在原型基础上向下移2cm，*SNP*在原型基础上沿肩线下移1cm，确定新侧颈点，修顺后领弧线。

3. 加粗轮廓线，标注布纹及样片名称。如图4-42所示。

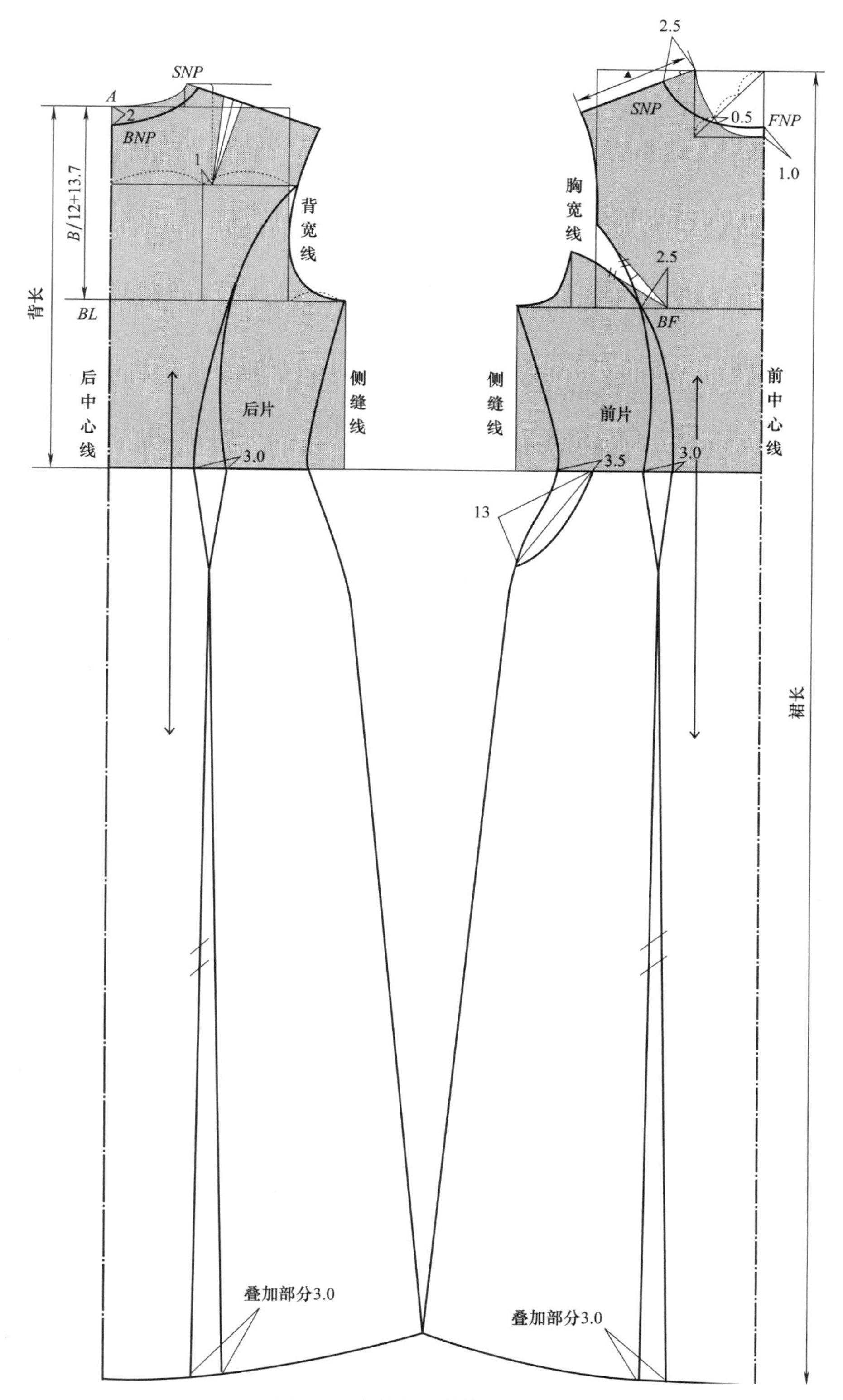

图4-42　连衣裙变化款衣身制版

B 连衣裙款式二

款式分析

此款连衣裙造型属小礼服型，衣身修身，为中袖造型。款式较修身、合体，显出身材曲线，如图4-43所示。

图4-43 连衣裙变化款

制图尺寸

表4-18 连衣裙基础规格尺寸

（单位：cm）

部位	规格净尺寸160/84A	成品尺寸
裙长（*SL*）	84	86
背长（*BWL*）	38	38
胸围（*B*）	84	92
腰围（*W*）	68	76
肩宽（*S*）	38	38
袖长（*SL*）	42	42
袖口（*CW*）	16	16

详细制作步骤

1. 前衣身

1）前片在衣身原型基础上，将裙长设为86cm。省尖离*BP* 2.5cm，与腰省相连接，腰省为3cm。

2）*FNP*在原型基础上向下移1cm，*SNP*按肩线向下移3.5cm，修顺前领弧线，绘制方形领。

3）在腰围线（*WL*）上侧缝处向内收2cm。

2. 后衣身

1）考虑此款为小礼服的款式，在衣身原型基础上，将裙长设为86cm。以原型袖窿线作胸围线（*BL*），与腰省一起做刀背省，省道量为3cm。

2）*BNP*向下2cm，*SNP*基本与前片一致，修顺后领弧线。如图4-44所示。

3. 袖子

1）袖长为42cm。确定袖山高，方法：计算由前后肩点高度的1/2位置点到胸围线（*BL*）之间的高度，取其5/6作为袖山高。

2）根据衣身原型的前后袖窿宽定袖肥，在袖原型基础框架上，测量袖口为16cm，作为前、后袖侧缝线。

3）连接各个定位点，修顺线条，完成袖型。如图4-45所示。

4. 加粗轮廓线，标注布纹及样片名称。

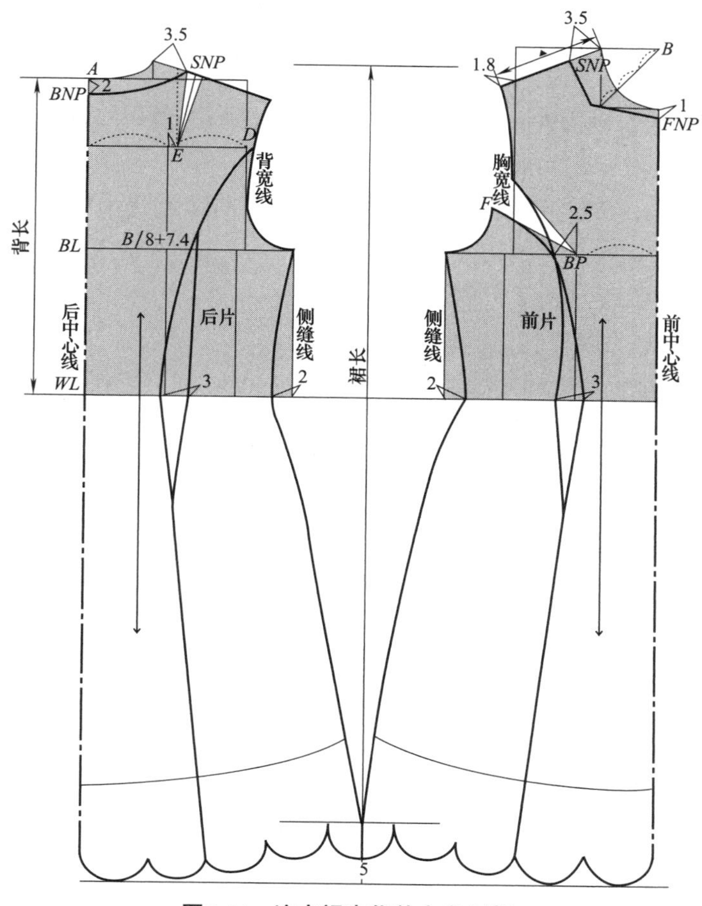

图4-44 连衣裙变化款衣身制版

图4-45 连衣裙变化款袖子制版

C 连衣裙款式三

款式分析

此款连衣裙属小礼服型，衣身修身，无袖，使人显得优雅知性，如图4-46所示。

图4-46 连衣裙变化款

制图尺寸

表4-19 连衣裙基础规格尺寸

（单位：cm）

部位	规格净尺寸160/84A	成品尺寸
裙长（*SL*）	90	90
背长（*BWL*）	38	38
胸围（*B*）	84	92
腰围（*W*）	68	76
肩宽（*S*）	38	38

详细制作步骤

1. 前衣身

1）前片在衣身原型基础上，将裙长设为90cm。定*F*点，与*BP*相连，省尖离*BP* 2.5cm，与腰省相连接，腰省为3cm。

2）*FNP*在原型基础上向下移6cm，*SNP*沿肩线向下移3.5cm，修顺前领弧线。做出前领和裙摆的造型。

3）在腰围线（*WL*）上侧缝处向内收2cm。

2. 后衣身

1）考虑此款为小礼服的款式，在衣身原型基础上，将裙长设为90cm。以原型袖窿线作胸围线（*BL*），与腰省一起做刀背省，侧缝处向内收2cm。

2）*BNP*向下移2cm，*SNP*基本与前片一致，修顺后领弧线。

3. 加粗轮廓线，标注布纹及样片名称，如图4-47所示。

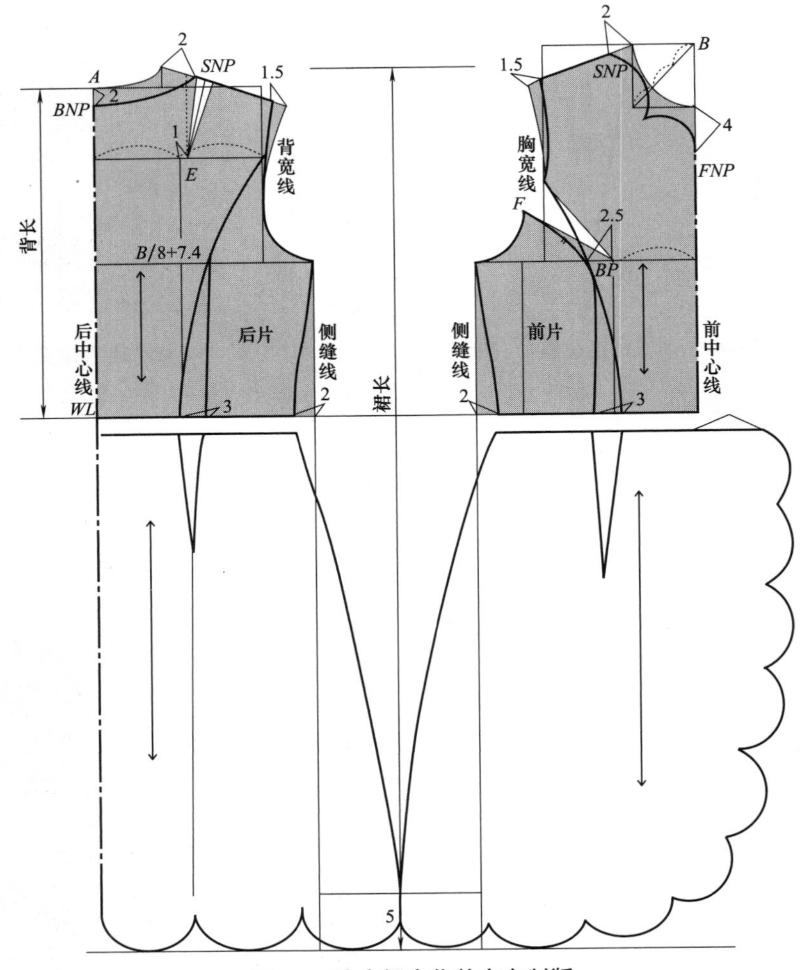

图4-47 连衣裙变化款衣身制版

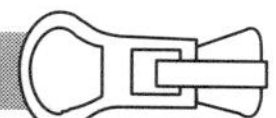

D　连衣裙款式四

款式分析

此款连衣裙属小礼服型，衣身较为宽大，裙短较大，前短后长，无袖，更富有时尚感，如图4-48所示。

图4-48　连衣裙变化款

制图尺寸

表4-20　连衣裙基础规格尺寸

（单位：cm）

部位	规格净尺寸160/84A	成品尺寸
裙长（*SL*）	95	95
背长（*BWL*）	36	36
胸围（*B*）	84	92
腰围（*W*）	68	76
肩宽（*S*）	38	38

详细制作步骤

1. 前衣身

1）前片在衣身原型基础上，将裙长设为83cm。定*F*点，与*BP*相连，省尖离*BP* 2.5cm，与腰省相连接，腰省为3cm。

2）*FNP*在原型基础上向下移1cm，*SNP*按肩线向下移2.5cm，修顺前领弧线，肩点向内收2cm。

3）在腰围线（*WL*）上侧缝处向内收2cm。

2. 后衣身

1）考虑此款为小礼服的款式，在衣身原型基础上，将裙长设为95cm。肩点向内收2.5cm，以原型袖窿线作胸围线（*BL*），与腰省一起做刀背省，侧缝处向内收2cm。

2）*BNP*向下移1cm，*SNP*基本与前片一致。修顺后领弧线。

3. 加粗轮廓线，标注布纹及样片名称，如图4-49所示。

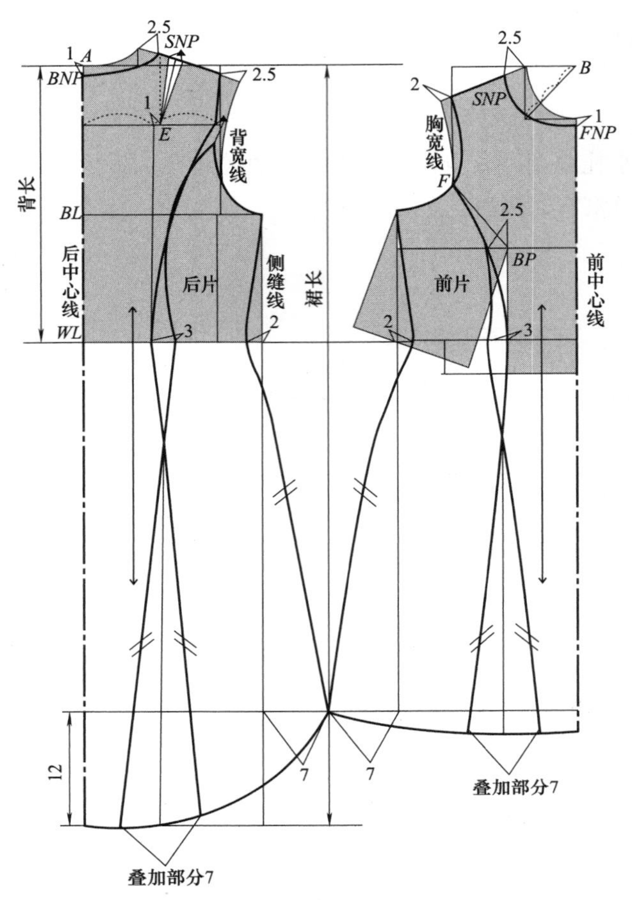

图4-49　连衣裙变化款衣身制版

E　连衣裙款式五

款式分析

此款连衣裙属抹胸型，上身为抹胸型，裙摆较大。富有时尚感，也可穿着出席正式场合，如图4-50。

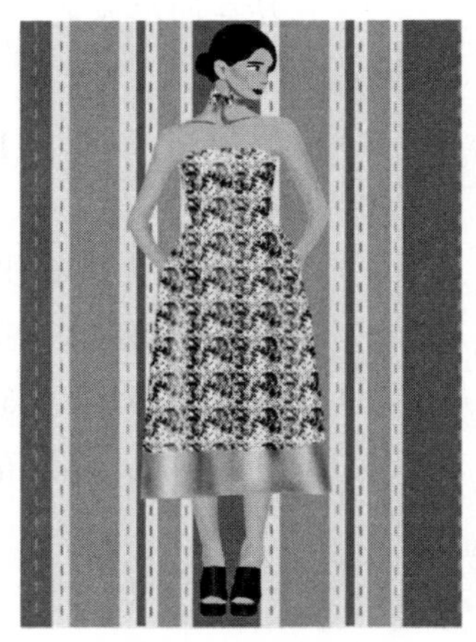

图4-50　连衣裙变化款

制图尺寸

表4-21　连衣裙基础规格尺寸

（单位：cm）

部位	规格净尺寸160/84A	成品尺寸
裙长（*SL*）	108	108
背长（*BWL*）	28	28
胸围（*B*）	84	92
腰围（*W*）	68	76
肩宽（*S*）	38	38

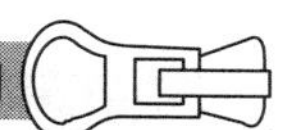

详细制作步骤

1. 前衣身

1）前片在衣身原型基础上，将裙长设为108cm。定F点，与BP相连，省尖离BP 2.5cm，与腰省相连接，腰省为3cm。

2）FNP在原型基础上向下移5cm，修改为抹胸款式，修顺前领弧线。

3）在腰围线（WL）上侧缝处向内收2cm。

2. 后衣身

1）考虑此款为正式的款式，在衣身原型基础上，将裙长设为108cm。以原型袖窿线作胸围线（BL），收3cm的腰省，侧缝处向内收2cm。

2）BNP在胸围线（BL）基础上向下移2cm，修顺后胸弧线造型。

3. 加粗轮廓线，标注布纹及样片名称，如图4-51所示。

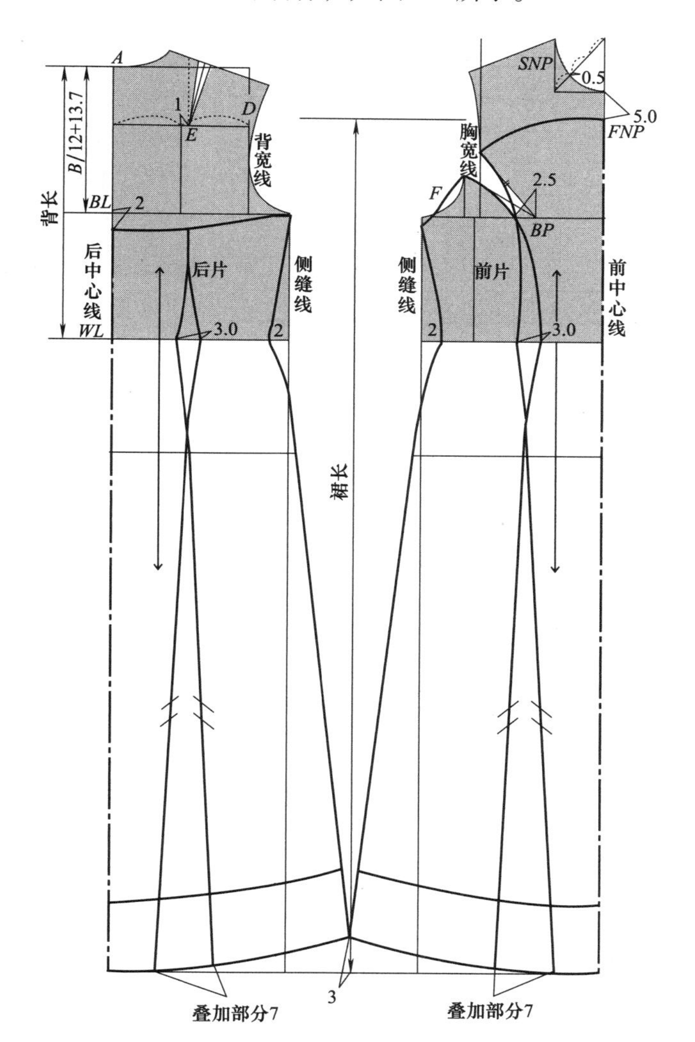

图4-51　连衣裙变化款衣身制版

第五节　经典女式外套款式及变化款打板

A　女式外套款式一

款式分析

此款女式外套款式造型属休闲宽松款型，衣身短小但自然优雅，为中袖袖造型。款式较为基本休闲，穿着舒适随意，如图4-52所示。

图4-52　女式外套变化款

制图尺寸

表4-22　女式外套基础规格尺寸

（单位：cm）

部位	规格净尺寸160/84A	成品尺寸
衣长（*L*）	47	47
背长（*BWL*）	37	37
胸围（*B*）	84	100
腰围（*W*）	68	94
肩宽（*S*）	38	38
袖长（*SL*）	48	48
袖口（*CW*）	14	14

详细制作步骤

1. 前衣身

1）前片在衣身原型基础上，将衣长设为47cm。在原型胸围线（*BL*）基础上向下移4cm，向侧缝加宽3cm。

2）依据原型基础，*FNP*在前中心线位置上延伸出2cm，作为外套门襟。修顺前领弧线。

3）本款有口袋，距前中心线9cm，袋宽14cm，高11cm。

2. 后衣身

1）考虑此款为休闲宽松的款式，在衣身原型基础上，将衣长设为47cm。以原型袖窿线作胸围线（*BL*），不收腰省。

2）*BNP*、*SNP*基本与原型一致，修顺后领弧线。

3）下摆无翘起，符合人体曲线。

3. 袖子

1）根据衣身原型的前后袖窿，做插肩袖。在前领口位置下落5cm，后领口位置下落3cm定插肩袖位置点。在肩点处作腰长为10cm的等腰三角形，以肩点和斜边的中点连线确定袖子的造型线。

2）定袖肥，从肩点向下14cm沿袖子的造型线作垂线，作袖窿线。作衣身袖窿线的反

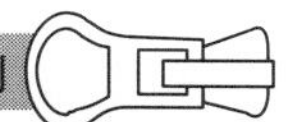

射线，完成袖子袖窿造型。

3）作袖口线。

4）连接各个定位点，修顺线条，完成插肩袖型。

4. 领子

领子取前片与后片的前领围▲和后领围◎。

5. 加粗轮廓线，标注布纹及样片名称。如图4-53所示。

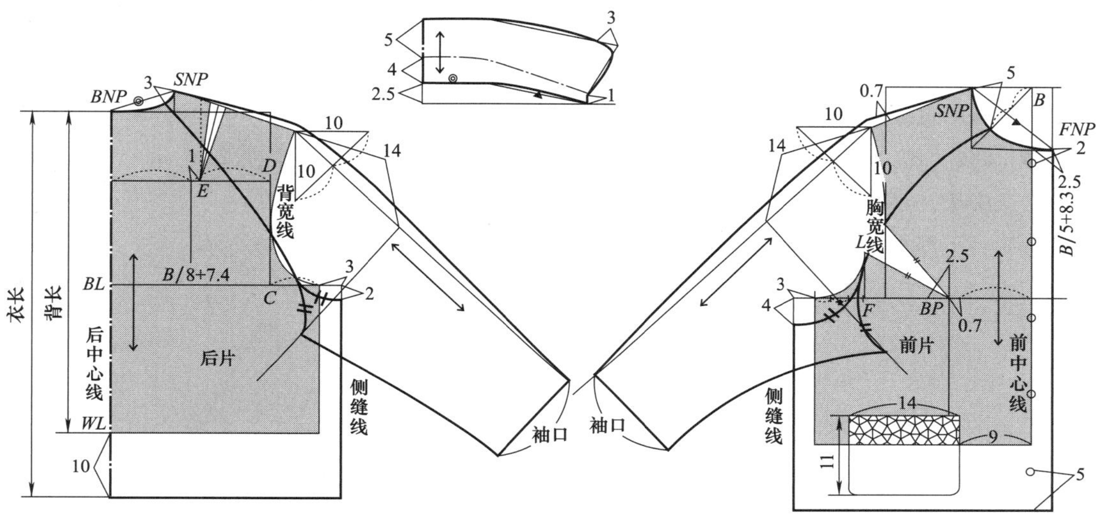

图4-53　女式外套变化款衣身制版

B　女式外套款式二

款式分析

此款女式外套款式造型属较为正式的西装款型，衣身比例正常且自然优雅，为长袖袖造型。款式较为基本，穿着舒适随意，如图4-54所示。

图4-54　女式外套变化款

制图尺寸

表4-23　女式外套基础规格尺寸

（单位：cm）

部位	规格净尺寸160/84A	成品尺寸
衣长（L）	57	62
背长（BWL）	37	37
胸围（B）	84	94
腰围（W）	68	90
肩宽（S）	38	38
袖长（SL）	50	50
袖口（CW）	14	14

详细制作步骤

1. 前衣身

1）前片在衣身原型基础上，将衣长设为57cm。在原型袖省和腰省的基础上绘制公主线，腰省为2cm，距离*BP* 2.5cm。

2）*SNP*在原型基础上沿肩线下移0.5cm，根据图4-55所示尺寸，做驳领造型，修顺前领弧线。

3）前下摆中线向下延长5cm，修顺下摆弧线。

2. 后衣身

1）考虑此款为休闲宽松的款式，在衣身原型基础上，将衣长设为57cm。以原型袖窿线作胸围线（*BL*），后片向内收1cm，腰部侧缝线在原型基础上向内收2cm。

2）*BNP*、*SNP*点基本与原型一致，修顺后领弧线。

3）后下摆中心线向上收2cm，无翘起，符合人体曲线。如图4-55所示。

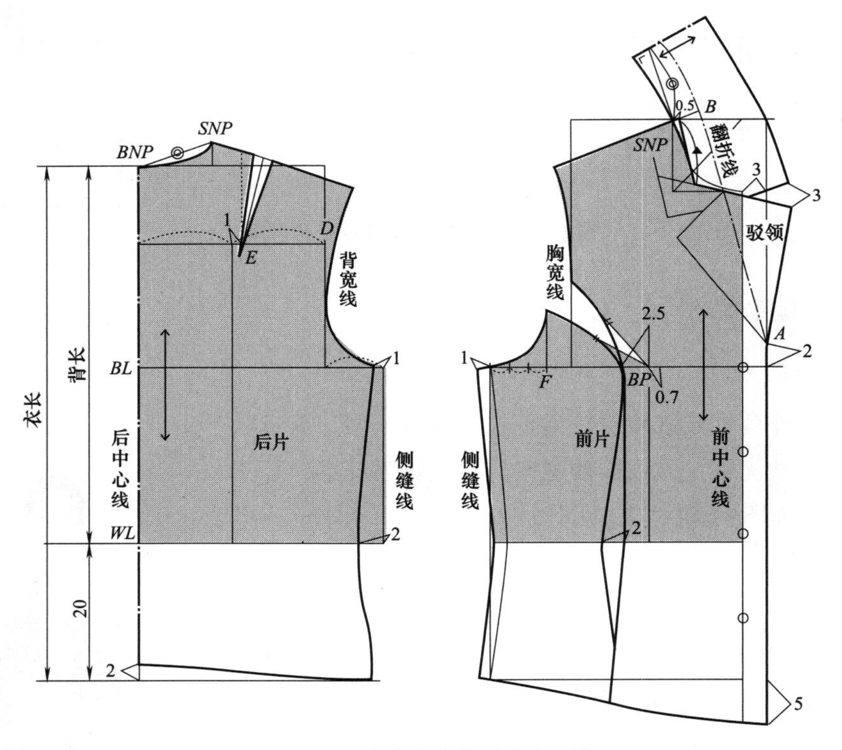

图4-55 女式外套变化款衣身制版

3. 袖子

1）根据衣身原型的前后袖窿，将前片胸省转移，袖窿省闭合，画圆顺前后袖窿弧线。确定袖山高，方法：计算由前后肩点高度的1/2位置点到胸围线（*BL*）之间的高度，取其5/6作为袖山高。

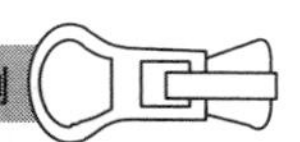

2）在袖原型基础框架上定袖肥，作为前、后袖山弧线。

3）作袖口线。

4）连接各个定位点，修顺线条，完成袖型。如图4-56所示。

4. 领子

领子取前片与后片的前领围▲和后领围◎为领座长度。在前中心线位置上延伸出2cm得*A*点，以*SNP*为基础，绘制西装领造型，造型线至*B*点，连接*AB*点，作领翻折线，以该线为对称线，采用反射作图法作外套西装驳领，前片*SNP*与领距离0.5cm。

5. 加粗轮廓线，标注布纹及样片名称。

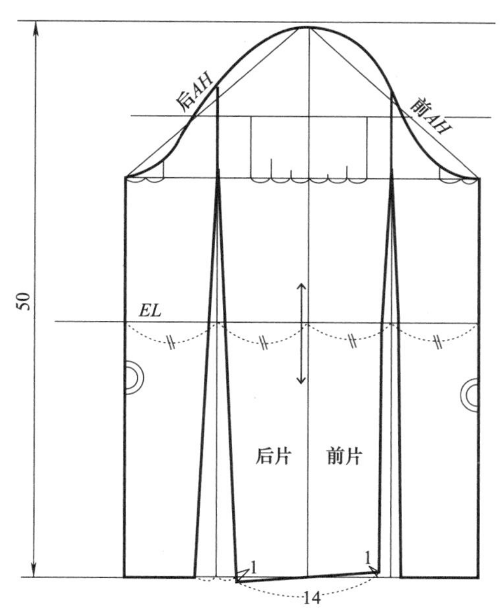

图4-56　女式外套变化款袖子制版

C　女式外套款式三

款式分析

此款女式外套款式造型属宽松款型，衣身宽松大气，廓形自然优雅，为七分袖袖造型。款式较为正式百搭，穿着舒适随意，如图4-57所示。

图4-57　女式外套变化款

制图尺寸

表4-24　女式外套基础规格尺寸

（单位：cm）

部位	规格净尺寸160/84A	成品尺寸
衣长（*L*）	77	77
背长（*BWL*）	37	37
胸围（*B*）	84	94
腰围（*W*）	68	100
肩宽（*S*）	39	39
袖长（*SL*）	47	47
袖口（*CW*）	14	14

详细制作步骤

1. 前衣身

1）前片在衣身原型基础上，将衣长设为77cm。此款为宽松款式，在原型胸围线（*BL*）基础上放出2cm。

2）根据款式造型，前肩线在原型基础上下移1cm，*SNP*在原型基础上移动1.5cm，前中心线放出2.5cm作为门襟，修顺前领弧线。

3）前下摆在基础线上向下延长40cm。在原型腰围线（*WL*）位置，距前中心线9cm绘制口袋，袋宽16cm。侧缝线在下摆处放出4cm并向上收1.5cm，修顺下摆弧线。

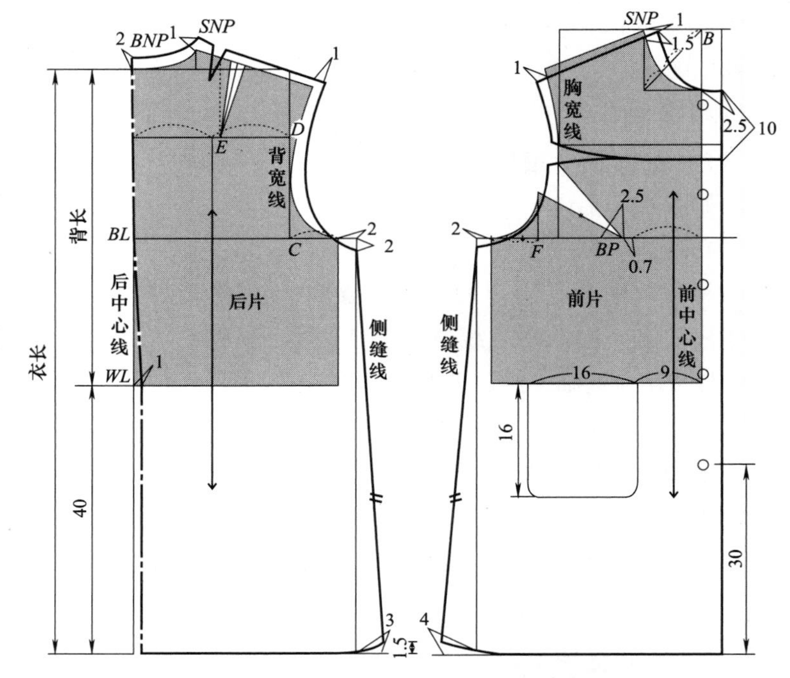

图4-58 女式外套变化款衣身制版

2. 后衣身

1）此款为休闲宽松的款式，在衣身原型基础上，将衣长设为77cm。以原型袖窿线作胸围线（*BL*），后片向外放2cm，腰部侧缝线在原型基础上向下放2cm。

2）根据款式造型，后片肩线向上移1cm，*BNP*在原型基础上上移2cm，*SNP*在原型基础上上移1cm，修顺后领弧线。

3）后下摆在基础线上向下延长40cm。侧缝线在后下摆处放出3cm并向上收1.5cm，保证后侧缝线与前侧缝线相等，修顺下摆弧线。如图4-58所示。

3. 袖子

1）根据衣身原型的前后袖窿，将前片胸省转移，袖窿省闭合，画圆顺前后袖窿弧线。确定袖山高，方法：计算由前后肩点高度的1/2位置点到胸围线（*BL*）之间的高度，取其5/6作为袖山高。取前*AH*–0.5cm为前袖窿长，取后*AH*–0.5cm为后袖窿长，袖长47cm，克夫长6cm。

2）在袖原型基础框架上定袖肥，作为前、后袖山弧线。

3）作袖口线。

4）连接各个定位点，修顺线条，完成袖造型。如图4-59所示。

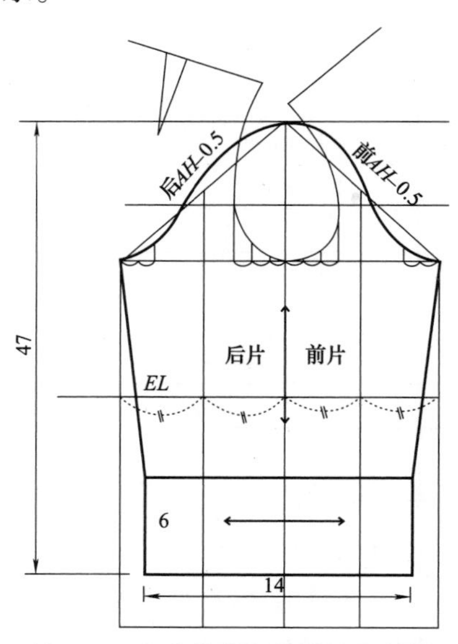

图4-59 女式外套变化款袖子制版

4. 加粗轮廓线，标注布纹及样片名称。

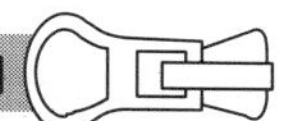

D　女式外套款式四

款式分析

此款女式外套款式造型属休闲夹克款式，衣身短小，拉链款式，长袖造型。款式较为休闲，穿着帅气随意，如图4-60所示。

图4-60　女式外套变化款

制图尺寸

表4-25　女式外套基础规格尺寸

（单位：cm）

部位	规格净尺寸160/84A	成品尺寸
衣长（*L*）	50	50
背长（*BWL*）	37	37
胸围（*B*）	84	94
腰围（*W*）	68	94
肩宽（*S*）	39	39
袖长（*SL*）	58	58
袖口（*CW*）	13	13

详细制作步骤

1. 前衣身

1）前片在衣身原型基础上，将衣长设为50cm。此款为短款外套款式，在原型胸围线（*BL*）基础上放出3cm的松量。

2）依据原型基础，*FNP*不变，绘制外套门襟。修顺前领弧线。

3）本款有口袋，等分胸围线（*BL*），在中点*G*的位置下降10cm至*F*点，绘制插袋，袋宽13cm，袋口宽3cm。

4）前片下摆处前中心线位置向下放3cm，侧缝处放4cm的松量，修顺前片下摆弧线。

2. 后衣身

1）考虑此款为休闲宽松的款式，在衣身原型基础上，将衣长设为50cm。在原型胸围线（*BL*）基础上放出3cm的松量。

2）*BNP*、*SNP*基本与原型一致 。

3）后片下摆处侧缝处放2cm的松量，修顺后片下摆弧线。

3. 袖子

1）根据衣身原型的前后袖窿，做插肩袖。在前领口位置下落5cm，后领口位置下落3cm定插肩袖位置点。在肩点处作腰长为10cm的等腰三角形，以肩点和斜边的中点连线确定袖子的造型线，袖长58cm。

2）定袖肥，从肩点向下14cm沿袖子的造型线作垂线，作袖窿线。作衣身袖窿线的反射线，完成袖子袖窿造型。

3）作袖口线。

4）连接各个定位点，修顺线条，完成插肩袖型。

4. 立领

领子取前片与后片的前领围▲和后领围◎作为领围。领高4cm。

5. 加粗轮廓线，标注布纹及样片名称。如图4-61所示。

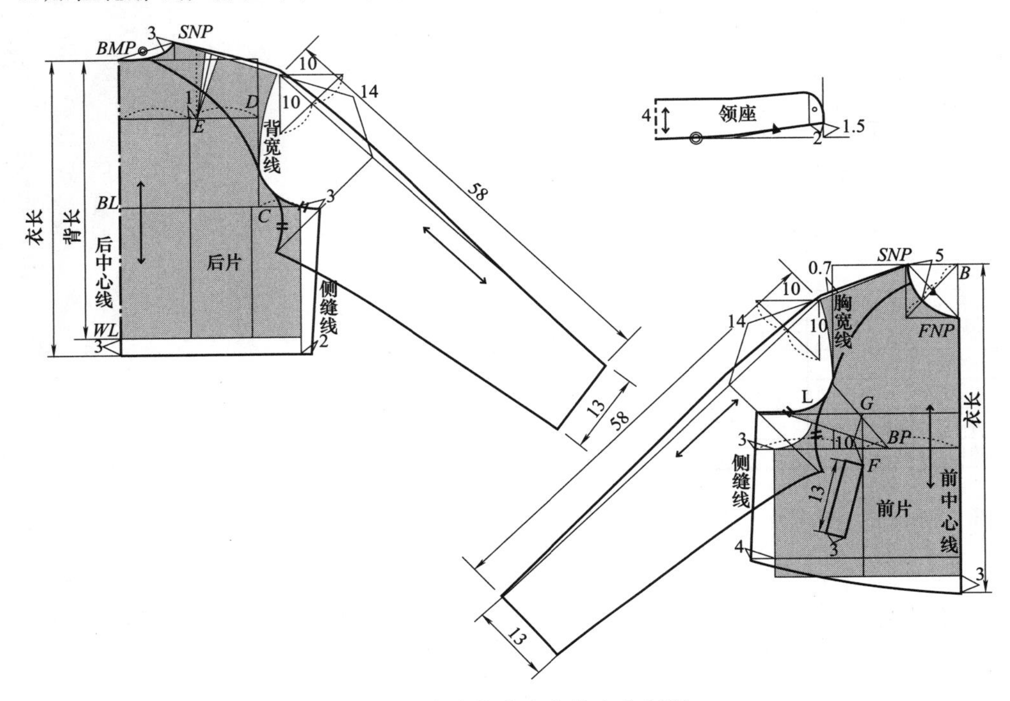

图4-61　女式外套变化款衣身制版

E　女式外套款式五

款式分析

此款女式外套款式造型属长风衣款式，衣身设计干练精致，前胸复式设计，单排扣款型，长袖造型。款式较为正式，穿着帅气，廓形线条明确，如图4-62所示。

图4-62　女式外套变化款

制图尺寸

表4-26　女式外套基础规格尺寸

（单位：cm）

部位	规格净尺寸160/84A	成品尺寸
衣长（*L*）	87	87
背长（*BWL*）	37	37
胸围（*B*）	84	94
腰围（*W*）	68	90
肩宽（*S*）	39	39
袖长（*SL*）	56	56
袖口（*CW*）	14	14

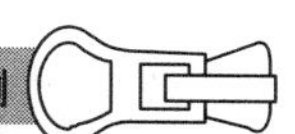

详细制作步骤

1. 前衣身

1）前片在衣身原型基础上，将衣长设为87cm。此款为长款风衣外套款式，胸围在原型胸围线（*BL*）基础上放出2cm的松量，腰部侧缝线在原型基础上向内收2cm。

2）根据款式造型，前肩线以原型为基础，*SNP*在原型基础上向内收1cm，前中心线放出5cm作为门襟，修顺前领弧线。前胸复式在前片领口位置向内收7cm，长约20cm。前片作公主线设计，腰省收3cm。下摆处，省道部位作2cm叠合，增加衣身下摆量。

3）前下摆在基础线上向下延长50cm，在原型腰围线（*WL*）位置，距前侧缝线9cm绘制口袋，插袋长15cm。侧缝线在下摆处放出4cm并向上收3cm，修顺下摆弧线。

2. 后衣身

1） 此款为风衣的款式，在衣身原型基础上，将衣长设为87cm。以原型袖窿线作胸围线（*BL*），后片向外放2cm，腰部侧缝线在原型基础上向内收2cm。后肩复式在后中心线位置向下量15cm，后肩复式。后中心线位置还设有褶裥。下摆处，省道部位作2cm叠合，增加衣身下摆量。

2）根据款式造型，后片也作公主线，后肩线部位设肩省，保证后肩线长度为前肩线长度+0.7cm，后腰省收3cm，修顺后片分割公主线。

3）后下摆在原型腰围线（*WL*）基础线上向下延长50cm。侧缝线在后下摆处放出3cm并向上收3cm，保证后侧缝线与前侧缝线相等，修顺下摆弧线。如图4-63所示。

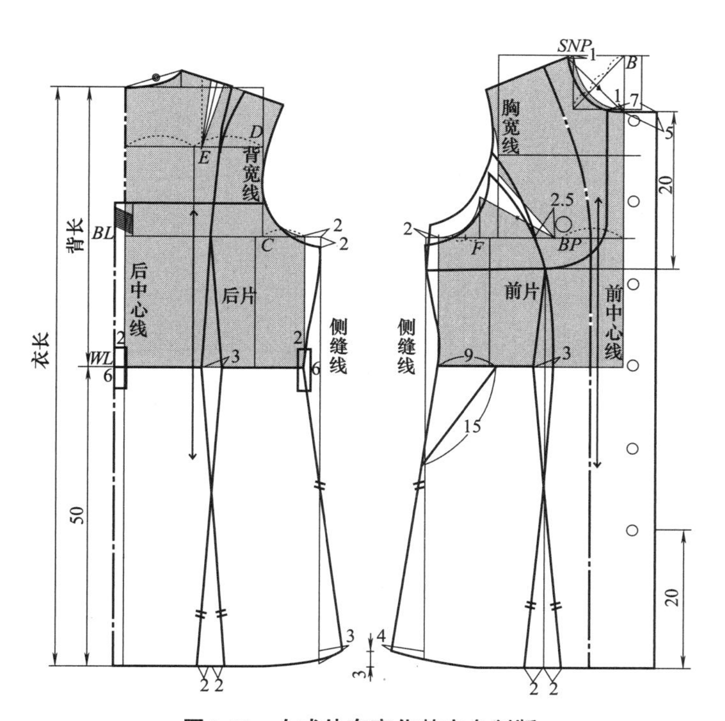

图4-63 女式外套变化款衣身制版

3. 袖子

1）根据衣身原型的前后袖窿，将前片胸省转移，袖窿省闭合，画圆顺前后袖窿弧线。确定袖山高，方法：计算由前后肩点高度的1/2位置点到胸围线（*BL*）之间的高度，取其5/6作为袖山高。取前*AH*为前袖窿长，取后*AH*为后袖窿长，袖长56cm，为长袖造型款。

2）定袖肥，按二片大小袖的绘制方法，对袖子进行绘制，在袖原型基础框架上，作为前、后袖山弧线。

3）作袖口线。

4）连接各个定位点，修顺线条，完成二片袖造型。如图4-64所示。

4. 领子

领子取前片与后片的前领围▲和后领围◎作为领围。领高4cm，领面宽6cm。如图4-65所示。

5. 加粗轮廓线，标注布纹及样片名称。

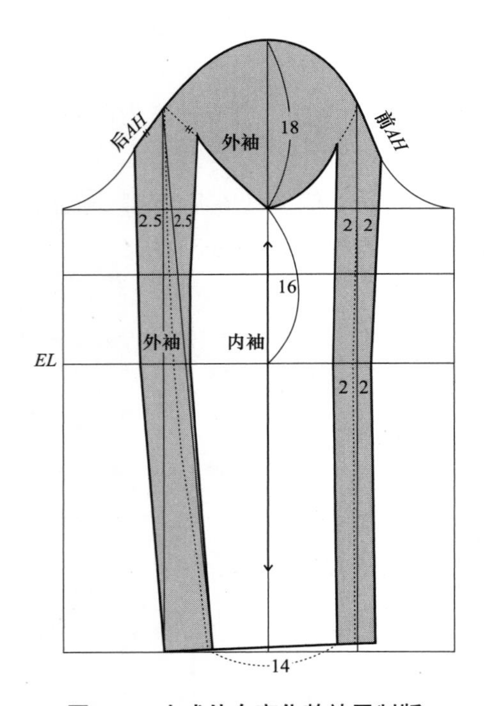

图4-64　女式外套变化款袖子制版

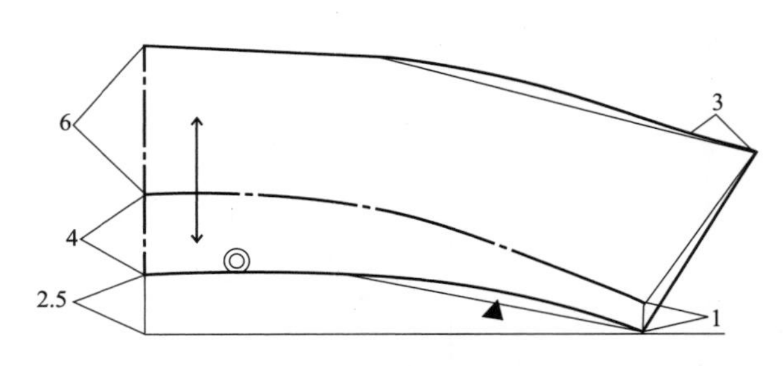

图4-65　女式外套变化款领子制版

第五章

男式经典服装造型款式打板实例

本章的重点在于掌握基础男装原型的制版，以及在原型服装制版的基础上，掌握男式裤装及男式衬衫与外套等具有款式变化的服装制版。基于原型制版，变化款式可在原型的基础上进行款式尺寸的修改，并可对原型进行修正处理，满足服装款式的变化需求。

第一节　经典男裤款式及变化款打板

一、经典男裤款式特点

以男西裤为例的经典男裤款式，一般为锥形裤，腰口装腰头，有七只串带袢，前中开门里襟，钉纽或装拉链。前裤片左右两只反褶裥，侧缝装斜袋；后裤片左右各收两只省，装两只嵌线开袋或有袋盖。

二、男裤原型打板方法

1. 整体框架做法

1）根据裤子尺寸（表5-1）作水平腰围线（*WL*），根据臀长、上裆长、中裆、裤长分别作臀围线（*HL*）、立裆线、中裆线及脚口线等基础线。

2）前后片宽度取$H/2$+立裆宽，立裆宽为$0.12H$~$0.16H$，制作裤装制版基础线，如图5-1所示。

表5-1　男裤基础规格尺寸　（单位：cm）

部位	规格净尺寸170/74A	成品尺寸
裤长（*TL*）	100	104
腰围（*W*）	76	80
臀围（*H*）	100	105
立裆深（*CR*）	25	25
裤脚口（*SB*）	21	21
腰宽	4	4

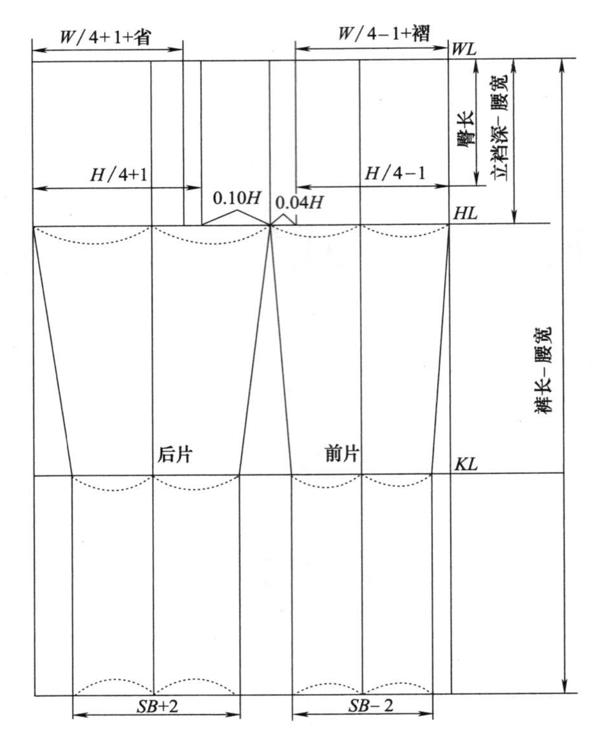

图5-1　男裤装原型框架

2. 详细制作步骤

（1）前裤片

1）取前臀围$H/4-1$cm，前裆宽取$0.04H$，在前横裆中点位置作前挺缝线。

2）再取前腰围$W/4-1$cm+褶，前中心处向内撇进1cm，前腰中心下落1cm。其余臀腰差作为腰省量。

（2）后裤片

1）取后臀围$H/4+1$cm，后裆宽取$0.10H$，在后横裆中点位置作后挺缝线。

2）在腰围基础线上取后上裆斜线与侧缝的中点并向后上裆斜线作垂线，确定后上裆起翘量，取后腰围$W/4+1$cm+省，其臀腰差作为腰省量，画顺腰围线、后上裆弧线和上裆部位侧缝线，省道位置约为后腰围中点处。

（3）后裆与下裆部位

1）以前、后挺缝线为中心，分别在脚口线上取前脚口为$SB-2$cm、后脚口为$SB+2$cm，前后中裆分别与脚口大小相同，连接中裆与脚口，用内凹线条画顺中裆以上的内裆弧线及侧缝线，注意线条要流畅圆顺。

2）测量前后裤片内裆缝长度并将后裆宽点做下落调整，一般后裆下落量为0~1cm，使前后裤片内裆缝长相等。

（4）裤腰　取腰宽为3cm，腰长为W+里襟长。

（5）加粗轮廓线，标注布纹及样片名称。如图5-2所示。

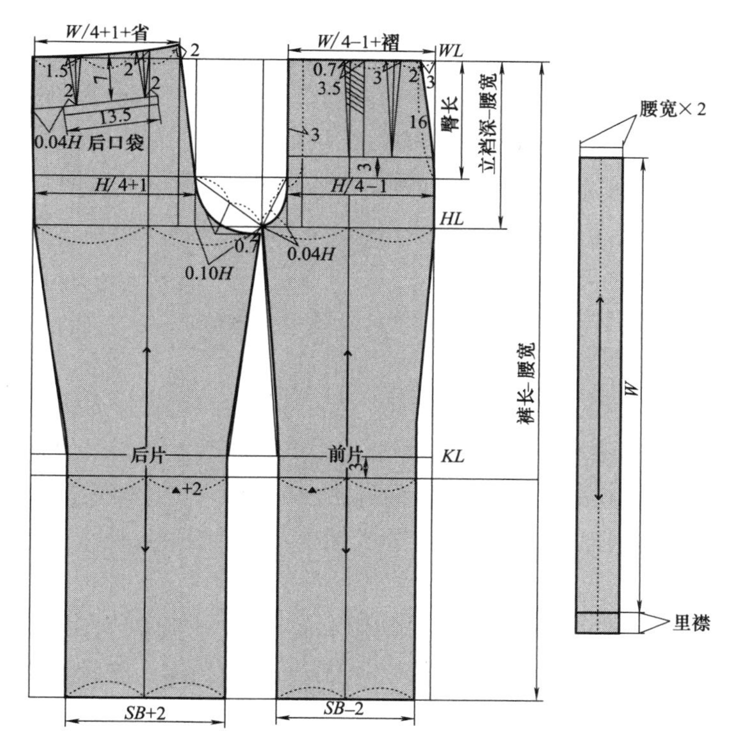

图5-2　经典男西裤制版

三、男裤变化款打板

A　男西裤经典款一

款式分析

此款裤款式造型属基本型男西裤装款型，裤子款式较为基本，版型设计较为基础、正式，如图5-3所示。

图5-3　男西裤经典款

制图尺寸

表5-2　男裤基础规格尺寸

（单位：cm）

部位	规格净尺寸170/74A	成品尺寸
裤长（*TL*）	100	104
腰围（*W*）	76	80
臀围（*H*）	100	105
立裆深（*CR*）	25	25
裤脚口（*SB*）	22	22
腰宽	4	4

详细制作步骤

1. 前裤片

1）取前臀围$H/4-1$cm，前裆宽取$0.04H$，在前横裆中点位置作前挺缝线。

2）再取前腰围$W/4-1$cm+褶，其余臀腰差作为腰省或褶裥量。前褶裥为反裥，由前褶裥至侧缝的中点处为前褶裥位置，前褶裥量取3.5cm，省量取3cm。褶裥烫至臀围线上3cm左右。

3）前口袋在侧缝线上，上端距腰口2cm，袋口长16cm。

2. 后裤片

1）取后臀围$H/4+1$cm，后裆宽取$0.10H$，在后横裆中点位置作后挺缝线。

2）在腰围基础线上取后上裆斜线与侧缝的中点并向后上裆斜线作垂线，确定后上裆起翘量，取后腰围$W/4+1$cm+省，后侧缝向外撇出0.5cm，其臀腰差作为腰省量，画顺腰围线、后上裆弧线和上裆部位侧缝线，省道位置约为后腰围中点处。

3.后裆与下裆部位

1）以前、后挺缝线为中心，分别在脚口线上取前脚口为$SB-2$cm、后脚口为$SB+2$cm，在臀围线（HL）与脚口线的1/2处向上3cm设中裆线，前后中裆与前后脚口宽一致，连接中裆线与脚口线，形成直筒效果。用内凹线条画顺中裆以上的内裆弧线及侧缝线，注意线条要流畅圆顺。

2）测量前后裤片内裆缝长度并将后裆宽点做下落调整，一般后裆下落量为0.7cm，使前后裤片内裆缝长相等。

3）后口袋距侧缝$0.04H$，距腰围线（WL）7cm，袋口长13.5cm。侧省、后省距袋口2cm，下0.5cm，省量分别为1.5cm、2cm。

4. 裤腰

在裤原型版的基础上，腰围线下落4cm以绘制裤子低腰款式，再向下取3cm作为腰宽，前腰长为W+里襟长，将腰围中包含的省道部分合并，画顺前后腰弧线。

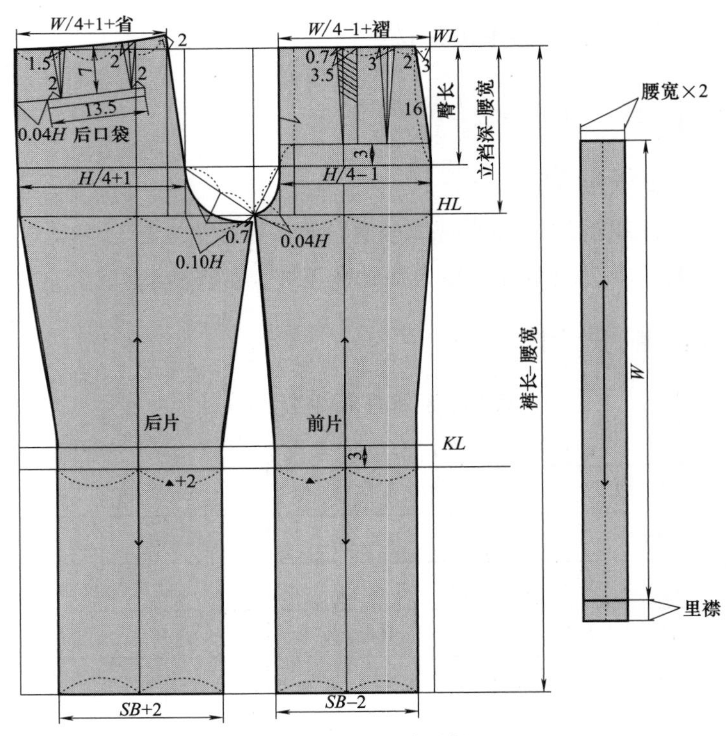

图5-4　男西裤制版

5. 加粗轮廓线，标注布纹及样片名称。如图5-4所示。

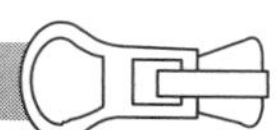

B　男西裤经典款二

款式分析

此款裤款式造型属基本型男西裤装款型，裤子款式为窄脚修身西裤款，版型设计略偏休闲，但也适用于正式场合，如图5-5所示。

图5-5　男裤经典款

制图尺寸

表5-3　男裤基础规格尺寸

（单位：cm）

部位	规格净尺寸170/74A	成品尺寸
裤长（*TL*）	100	104
腰围（*W*）	76	80
臀围（*H*）	100	105
立裆深（*CR*）	25	25
裤脚口（*SB*）	20	20
腰宽	4	4

详细制作步骤

1. 前裤片

1）取前臀围$H/4-1$cm，前裆宽取$0.04H$，在前横裆中点位置作前挺缝线。

2）再取前腰围$W/4-1$cm+褶，其余臀腰差作为腰省或褶裥量。前褶裥为反裥，由前褶裥至侧缝的中点处为前褶裥位置，前褶裥量取3.5cm，省量取3cm。褶裥烫至臀围线上3cm左右。

3）前口袋在侧缝线上，上端距腰口2cm，袋口长16cm。

2. 后裤片

1）取后臀围$H/4+1$cm，后裆宽取$0.10H$，在后横裆中点位置作后挺缝线。

2）在腰围基础线上取后上裆斜线与侧缝的中点并向后上裆斜线作垂线，确定后上裆起翘量，取后腰围$W/4+1$cm+省，其臀腰差作为腰省量，画顺腰围线、后上裆弧线和上裆部位侧缝线，省道位置约为后腰围中点处。

3.后裆与下裆部位

1）以前、后挺缝线为中心，分别在脚口线上取前脚口为$SB-2$cm、后脚口为$SB+2$cm，在臀围线（*HL*）与脚口线的1/2处向上3cm设中裆线，前后脚口在男西裤原型基础上以中心线为对称线左右各收进1cm，连接中裆线与脚口线，形成窄脚收口效果。用内凹线条画顺中裆以上的内裆弧线及侧缝线，注意线条要流畅圆顺。

2）测量前后裤片内裆缝长度并将后裆宽点做下落调整，一般后裆下落量为0.7cm，使前后裤片内裆缝长相等。

3）后口袋距侧缝$0.4/10H$，距腰围线（*WL*）7cm，袋口长13.5cm。侧省、后省距袋口

2cm，下0.5cm，省量分别为1.5cm、2cm。

4. 裤腰

在裤原型版的基础上，腰围线下落4cm以绘制裤子低腰款式，再向下取3cm作为腰宽，前腰长为W+里襟长，将腰围中包含的省道部分合并，画顺前后腰弧线。

5. 加粗轮廓线，标注布纹及样片名称。如图5-6所示。

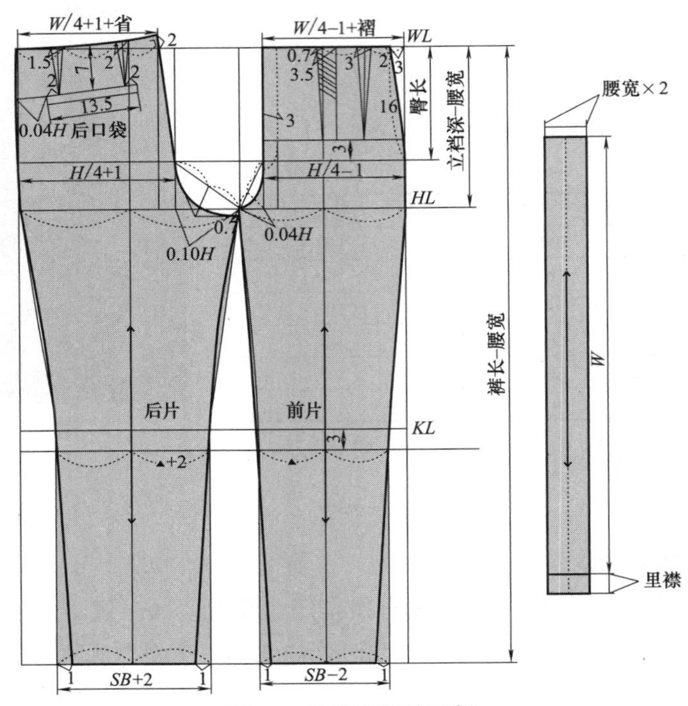

图5-6　窄脚男西裤制版

C　男西裤经典款三

款式分析

此款裤款式造型属休闲型男裤款型，裤子款式为拼色设计的休闲低腰裤款，板型设计较为略偏休闲，有时尚感舒适自然，如图5-7所示。

图5-7　男裤变化款

制图尺寸

表5-4　男裤基础规格尺寸

（单位：cm）

部位	规格净尺寸170/74A	成品尺寸
裤长（TL）	100	107
腰围（W）	76	80
臀围（H）	100	105
立裆深（CR）	25	25
裤脚口（SB）	20	20
腰宽	4	4

详细制作步骤

1. 前裤片

1）取前臀围$H/4-1$cm，前裆宽取$0.04H$，在前横裆中点位置作前挺缝线。

2）再取前腰围$W/4-1$cm+褶，其余臀腰差作为腰省量。前口袋为挖袋，从侧缝线向内量12cm为袋宽，长7cm。

3）前片拼色缝在中裆线向上5cm做分割，脚口在原型基础上向下放出3cm，脚口宽向内收1cm。

2. 后裤片

1）取后臀围$H/4+1$cm，后裆宽取$0.10H$，在后横裆中点位置作后挺缝线。

2）在腰围基础线上取后上裆斜线与侧缝的中点并向后上裆斜线作垂线，确定后上裆起翘量16°，取后腰围$W/4+1$cm+省，其臀腰差作为腰省量，沿腰围线（WL）向下3cm，绘制水平线交于后上裆起翘线为后约克，后约克也要将腰省量合并。

3）后片有贴袋，距约克线2.5cm、后裆线5.5cm位置，与腰围线平行设置后贴袋，后口袋宽14cm、长12cm。

4）后片拼色缝在中裆线向上5cm做分割，脚口在原型基础上向下放出3cm，脚口宽向内收1cm。

5）画顺腰围线、后上裆弧线和上裆部位侧缝线，省道位置约为后腰围中点处。

3. 后裆与下裆部位

1）以前、后挺缝线为中心，分别在脚口线上取前脚口为$SB-2$cm、后脚口为$SB+2$cm，用内凹线条画顺中裆以上的内裆弧线及侧缝线，注意线条要流畅圆顺。

2）测量前后裤片内裆缝长度并将后裆宽点做下落调整，后裆在原型基础上下落0.5cm，使前后裤片内裆缝长相等。

4. 裤腰

在裤原型的基础，以原型腰围线（WL）向下4cm，取3.5cm作为腰宽，并将原来的腰省量合并，画顺前后腰弧线。

5. 加粗轮廓线，标注布纹及样片名称。如图5-8所示。

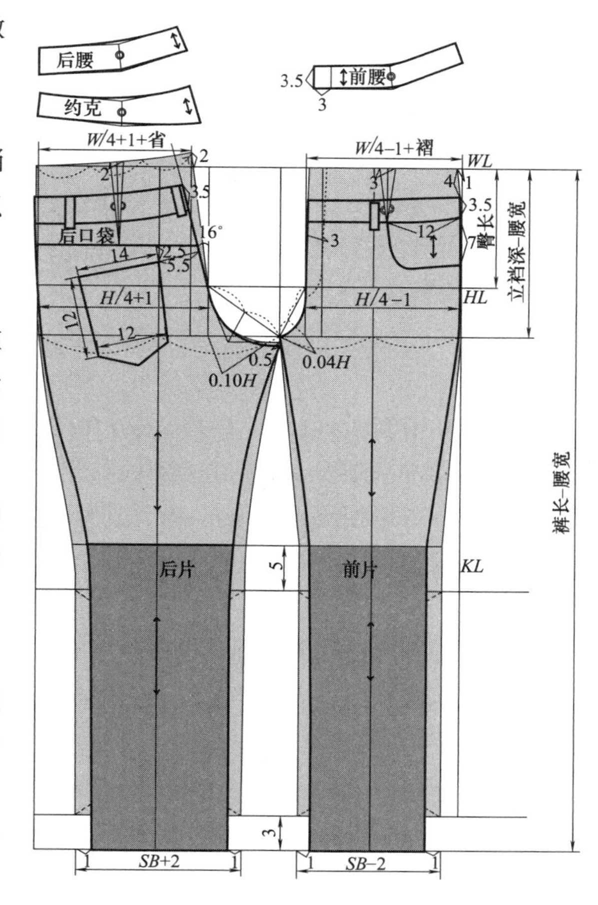

图5-8 男裤变化款制版

D 男西裤经典款四

款式分析

此款裤款式造型属休闲型男裤款型， 裤子款式为拼色设计的休闲低腰裤款，版型设计略偏自然舒适，有时尚休闲感，如图5-9所示。

图5-9 男裤变化款

制图尺寸

表5-5 男裤基础规格尺寸

（单位：cm）

部位	规格净尺寸170/74A	成品尺寸
裤长（*TL*）	100	104
腰围（*W*）	76	80
臀围（*H*）	100	105
立裆深（*CR*）	25	25
裤脚口（*SB*）	22	22
腰宽	4	4

详细制作步骤

1. 前裤片

1）取前臀围$H/4-1$cm，前裆宽取$0.04H$，在前横裆中点位置作前挺缝线。

2）再取前腰围$W/4-1$cm+褶，其余臀腰差作为腰省量。前口袋为挖袋，从侧缝线向内量13cm为袋宽，长7cm。

3）以原型挺缝线为基础，进行前片不同面料的拼接。

2. 后裤片

1）取后臀围$H/4+1$cm，后裆宽取$0.10H$，在后横裆中点位置作后挺缝线。

2）在腰围基础线上取后上裆斜线与侧缝的中点并向后上裆斜线作垂线，确定后上裆起翘量16°，取后腰围$W/4+1$cm+省，其臀腰差作为腰省量。

3）沿腰围线（*WL*）向下6cm，绘制后片插袋，与腰线平行设置后口袋，后口袋宽13cm。

4）以原型挺缝线为基础，进行后片不同面料的拼接。

5）画顺腰围线、后上裆弧线和上裆部位侧缝线，省道位置约为后腰围中点处。

3. 后裆与下裆部位

1）以前、后挺缝线为中心，分别在脚口线上取前脚口为$SB-2$cm、后脚口为$SB+2$cm，用内凹线条画顺中裆以上的内裆弧线及侧缝线，注意线条要流畅圆顺。

2）测量前后裤片内裆缝长度并将后裆宽点做下落调整，后裆在原型基础上下落0.5cm，使前后裤片内裆缝长相等。

4. 裤腰

在裤原型的基础，以原型腰围线（*WL*）向下4cm，取3.5cm作为腰宽，并将原来的腰省量合并，画顺前后腰弧线。

5. 加粗轮廓线，标注布纹及样片名称。如图5-10所示。

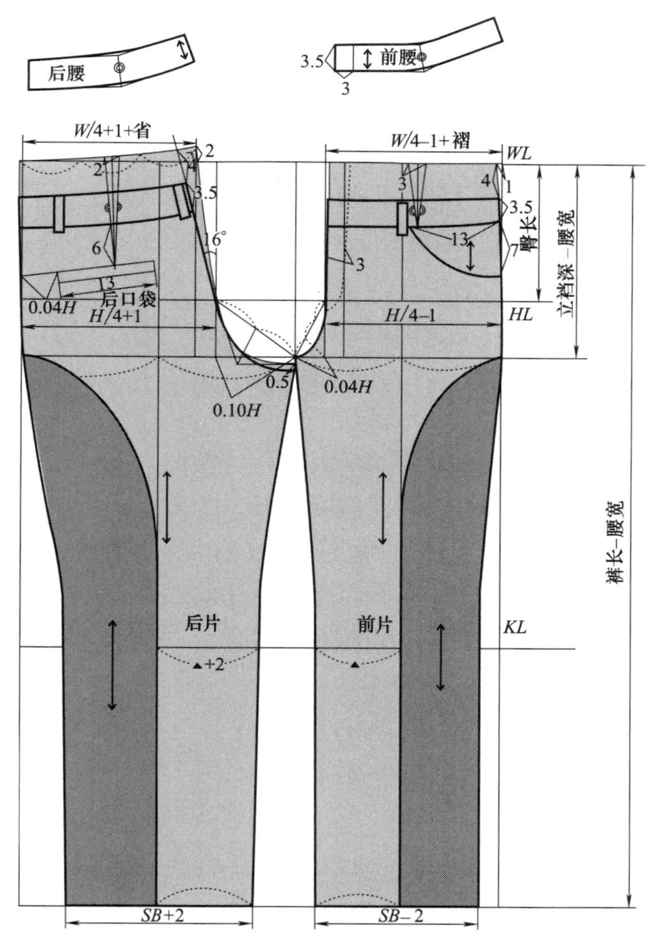

图5-10 男裤变化款制版

第二节 经典男式衬衫款式及变化款打板

一、男上装原型

箱形原型适用于男装外套等，前衣身用箱形原型的构成方法，即将胸围线（*BL*）以上的浮余量全部至前领窝部位，以撇胸量的形式消除，在制作时除去人体自然撇胸（1cm左右）以外的量用归拢的方式（拉牵条或褽烫归拢）除去，这样前衣身原型在腰围线

（*WL*）处便没有下放量，而呈水平线形状。后衣身用箱形原型的构成方法，即将背宽线以上的浮余量全部浮至后肩缝处，以后肩缝缩量的形式处理。箱形原型采用的衣身胸围等于净胸围*B*/2+（8~10）cm，为较体贴风格，袖窿和袖山的造型风格为体贴形，袖窿宽较大（前胸宽、后背宽较小）、袖山高较高。下面就以箱形原型为例进行打板分析。

二 、男上装箱形原型打板方法

1. 参考尺寸

1）男装标准基本纸样在制图方位上依据国际男装成衣以左襟搭右襟的标准。衣身基本纸样绘制只需要胸围和背长尺寸即可，胸围88cm，背长（通过计算颈椎点高减腰围高即可得到）42.5cm。袖长55.5cm，袖窿长（*AH*）从已完成的衣身基本纸样中测得。

2）计算各主要部位尺寸：

半胸围=胸围/2+1.3=45.8

AH/8=5.2

AH/3=14

AH/2=21

袖窿深=落肩度+*AH*/3=21.6

后背宽=胸围/4-*AH*/8=17

前胸宽=半胸围–（后背宽+*AH*/8+1.3）=22.3

胸围/12=7.4

腰围/4–1.3=15.5

腰围/4+1.3=18.1

臀围/2+1.3=47.7

2. 详细制作步骤

（1）后衣身

1）作水平腰围线（*WL*），长为*B*/2+（8~10）cm（松量），取*B*/12=◎为后领窝，取◎/3为后领窝深。

2）在背长线向下取*B*/6+7.5cm作胸围线（*BL*）（袖窿深线）。

3）将水平腰围线（*WL*）两等分作为前后胸围半片尺寸，在袖窿深线上取*B*/6+4.5cm作背宽线。

4）在后背宽线上向下量取◎/3，向外1.5cm作后肩线，画顺后袖窿弧线。

（2）前衣身

1）在袖窿深线向下取*B*/6+4cm作胸宽线，取（*B*/6+4cm）/2为前领窝宽，取◎为前领窝深。

2）在前胸宽线上向下量取◎/3，连接*SNP*，作前肩线，前肩宽=后肩宽–0.7cm（少量缩缝量），画顺前袖窿弧线。如图5-11和图5-12所示。

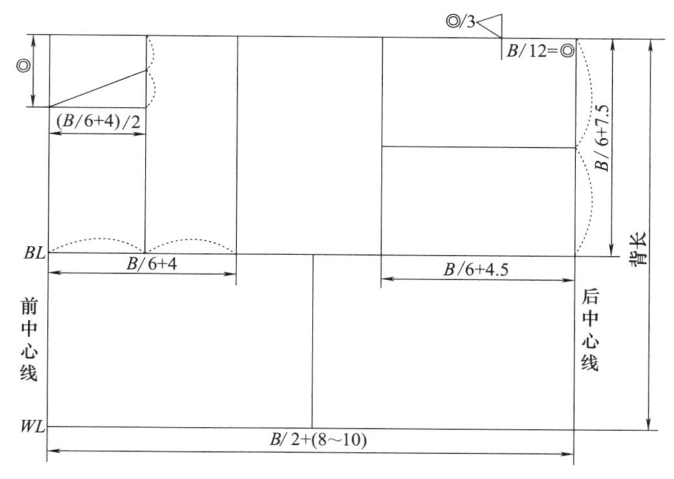

图5-11　男装原型衣身1

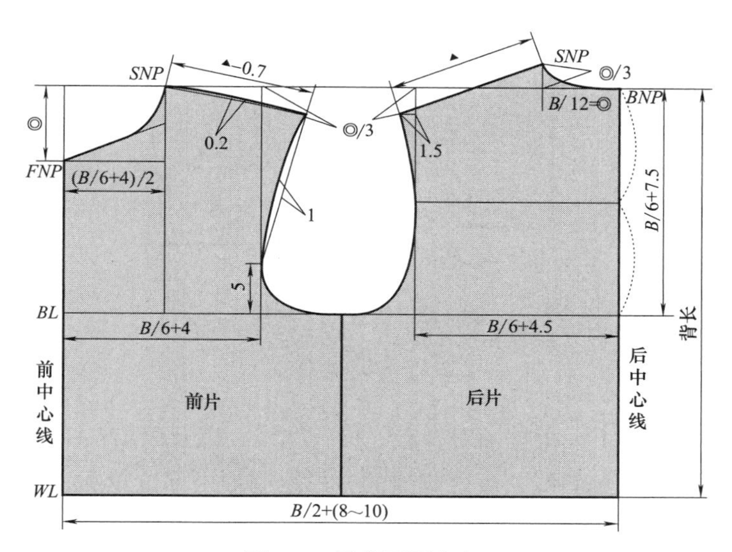

图5-12　男装原型衣身2

（3）一片袖

1）在后片横背宽线上，取袖肥宽，等分，偏移2cm，确定袖顶点A，根据袖对合点、袖肥、1/4袖肥定H点、G点，$BG=AH/2-3.5$，连接后袖窿与后片的交界点B点，垂直延伸至D点，BD线交袖窿线于C点。DE为袖口长。

2）O为侧缝线与袖窿线的交点。以BD线和FE线为对称线，分别镜像于O'点。以O'点向下作垂线，作为前袖缝线。以O'作平行于FE的线，作为后袖缝线。前袖缝线长为○，后袖缝线长为◎，后袖肘处设有袖省，省量为◎–○。

3）将各关键点依次连接完成袖子原型结构制图。画顺线条，完成袖口弧线。这是在二片袖绘制图的基础上，将小袖拆分，再按图示完成一片袖的绘制。加粗轮廓线，标注布纹及样片名称。如图5-13所示。

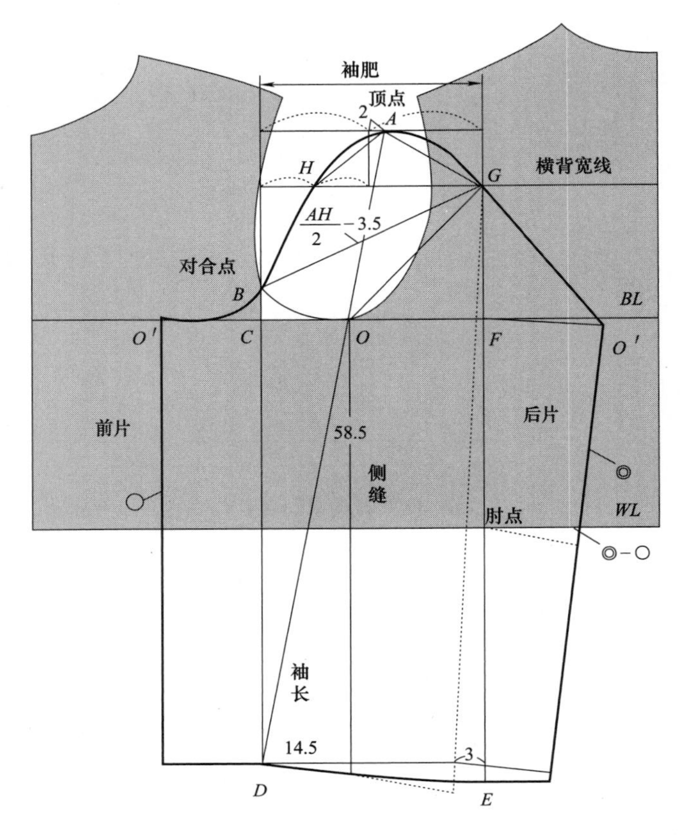

图5-13　男原型一片袖

（4）二片袖

1）在一片袖的基础上，根据袖对合点、横背宽线，以及以$AH/3+0.7$cm为袖山高、袖肥为宽度、$AH/2-1$cm为袖斜线长度所构成的方形绘制袖山部位轮廓，并绘制各主要部位辅助线。

2）以袖肥宽度的等分中点为基础，向右2cm，设为袖山A点，再向右0.7cm，设为顶点。在横背宽线上，取1/4袖肥宽度，设点与袖山A点连接，并做等腰三角形，作为大袖的曲线辅助线，大袖的曲线上凸量为0.7~1cm。

3）设袖长为59cm，从A点量袖长−0.5cm的长度，交于前袖片辅助线，形成袖长线，以袖长线的垂线为袖口辅助线，大袖、小袖的造型先取14.5为袖口宽度。在袖山辅助线的基础上寻求关键点，并将各关键点依次连接完成袖子原型结构制图。在大袖的基础上根据各个点进行偏移，获得小袖的造型。如图5-14所示。

4）将前衣片的对合点与大袖的对合点对齐，把横背宽线延伸至前、后衣片分别做前上对合点和后上对合点，前后衣片的侧缝线与小袖的交点为对齐底点，根据面料的质地不同，设计不同款式，相应AH加减不同变量的吃势，画顺线条，完成袖口弧线。如图5-15所示。

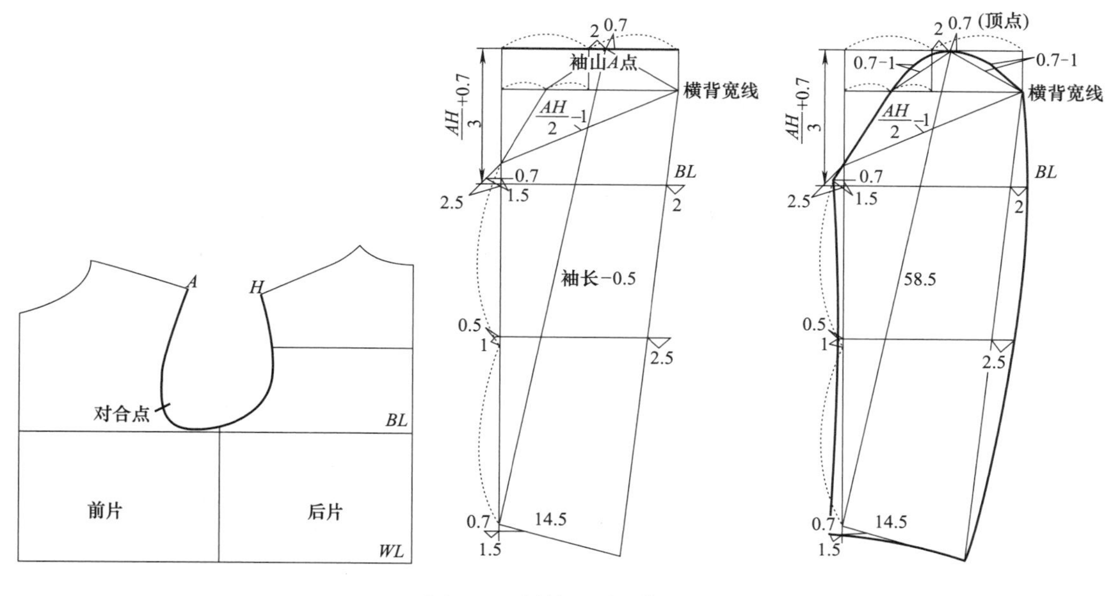

图5-14 男装原型二片袖1

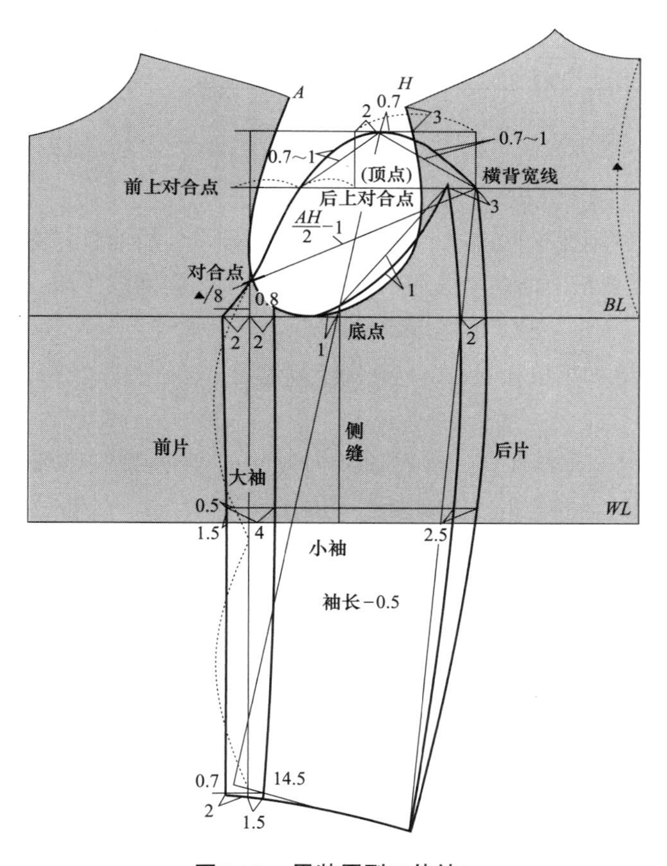

图5-15 男装原型二片袖2

三、男式衬衫变化款打板

A 男式衬衫款式一

款式分析

此款男式衬衫款式造型属休闲男装款型，在原型基础上将领型修饰为三角形造型，衣身宽松，为中袖造型。款式较为基本休闲，穿着舒适随意，如图5-16所示。

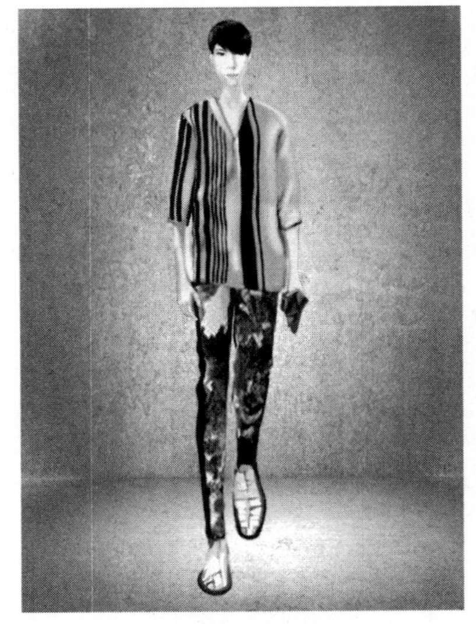

图5-16 男式衬衫变化款

制图尺寸

表5-6 男式衬衫基础规格尺寸

（单位：cm）

部位	规格净尺寸175/92A	成品尺寸
衣长（*L*）	74	74
背长（*BWL*）	44.5	44.5
胸围（*B*）	88	110
肩宽（*S*）	46	46
领围（*N*）	41.5	41.5
袖长（*SL*）	45	45
袖口（*CW*）	12	12

详细制作步骤

1. 后衣身

1）根据此款为休闲宽松的款式，在衣身原型基础上，将衣长设为74cm。在原型胸围线（*BL*）基础上向下2cm，再在侧缝加出放松量2cm，作胸围线（*BL*）。

2）*BNP*、*SNP*与原型一致，修顺后领弧线。

3）下摆处在侧缝加出放松量6cm，并向上翘起3cm，修圆弧线符合造型曲线。

2. 前衣身

1）前片在衣身原型基础上，将衣长设为74cm。在原型胸围线（*BL*）基础上向下2cm，再在侧缝加出放松量2cm，作胸围线（*BL*）。

2）*FNP*在原型基础上向下移9cm，*SNP*与原型一致，修顺后领弧线。

3）由于此款为套头款式，在原有领圈基础线上，将*FNP*向下移9cm，得到新的前领点，便于穿脱。

4）下摆处在侧缝加出放松量6cm，并向上翘起3cm，修圆弧线符合造型曲线。

5）领口部位贴边为3cm。

3. 袖子

1）以$B/20+6$为袖山高，前袖窿长为由前袖窿测得的AH，后袖窿长为后$AH-0.6$，作三角形，袖长为45cm。

2）将前袖窿四等分，上凸点位0.7cm，下凹点位1cm。

3）将后袖窿三等分，在距袖山高点1/3处上凸点位1.3cm。

4. 按图示完成一片袖的绘制。加粗轮廓线，标注布纹及样片名称。如图5-17所示。

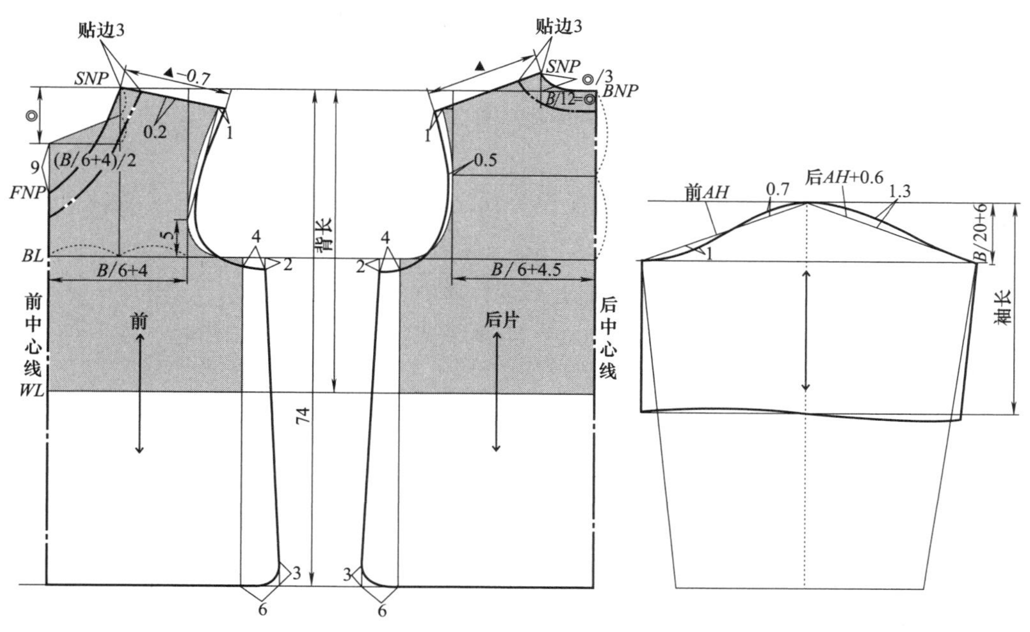

图5-17　男衬衫变化款衣身、袖子制版

B　男式衬衫款式二

款式分析

此款男式衬衫款式造型属休闲男装款型，领型为基本牛仔衬衫领造型，衣身修身，长袖造型。款式较为基本休闲，穿着帅气，随意舒适，适合多种场合穿着，如图5-18所示。

图5-18　男式衬衫变化款

制图尺寸

表5-7　男式衬衫基础规格尺寸

（单位：cm）

部位	规格净尺寸175/92A	成品尺寸
衣长（L）	70	70
背长（BWL）	44.5	44.5
胸围（B）	88	108
肩宽（S）	46	46
领围（N）	41.5	41.5
袖长（SL）	57	57
袖口（CW）	12	12

详细制作步骤

1. 后衣身

1）根据此款为休闲修身的款式，在衣身原型基础上，将衣长设为70cm。在原型腰围线（*WL*）基础上在侧缝腰围处向内收1cm，作腰围线（*WL*）。

2）*BNP*、*SNP*均在原型基础不变，修顺后领弧线。

3）下摆向上翘起1.5cm，符合人体曲线。

2. 前衣身

1）前片在衣身原型基础上，将衣长设为70cm。在原型腰围线（*WL*）基础上在侧缝腰围处向内收1cm，作腰围线（*WL*）。

2）门襟宽为3cm，*SNP*在原型基础上不变，修顺前领弧线。

3）由于此款为纽扣款式，有8颗纽扣，距领子部位2cm开始绘制纽扣，衣身门襟上平均分布7颗纽扣，领有1颗为领子纽扣。

4）为符合该衬衫款式设计，在前胸设置一高15cm、宽14cm的有盖贴袋。

3. 袖子

1）以$B/20+6$为袖山高，前袖窿长为前袖窿测得的*AH*，后袖窿长为后*AH*，作三角形，袖长为57cm。

2）将前袖窿四等分，上凸点位0.7cm，下凹点位1cm。

3）将后袖窿三等分，在距袖山高点1/3处上凸点位1.5cm，下凹点位0.3cm。

4）为符合该衬衫款式设计，在距袖肥线3cm处设置一有盖贴袋装饰袖袋，高10cm，宽8cm。

5）按图示完成一片袖的绘制。

4. 领子

1）领围为$N/2+1.5$cm（门襟量）。

2）领座为3.5cm，领面为5cm。

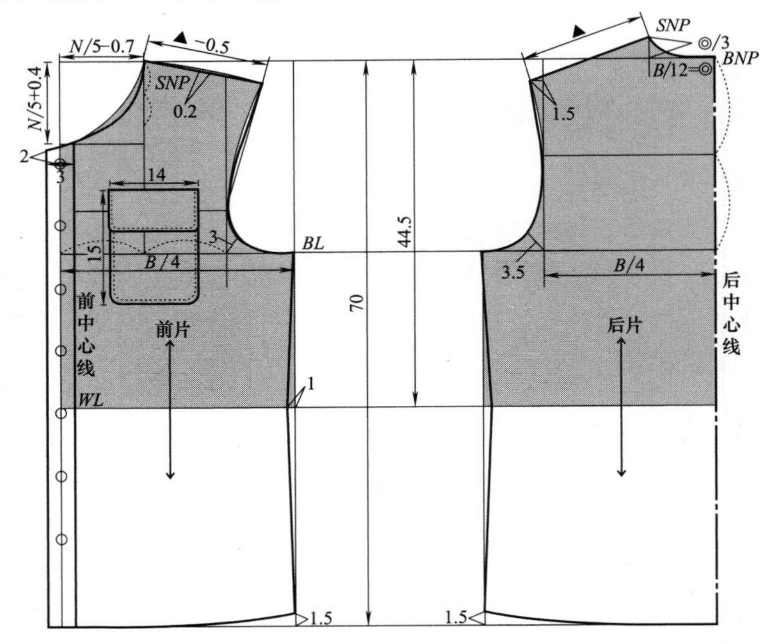

图5-19 男式衬衫变化款衣身制版

5. 加粗轮廓线，标注布纹及样片名称。如图5-19和图5-20所示。

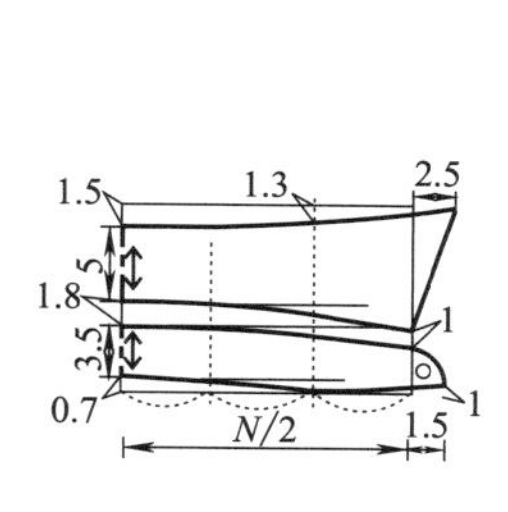

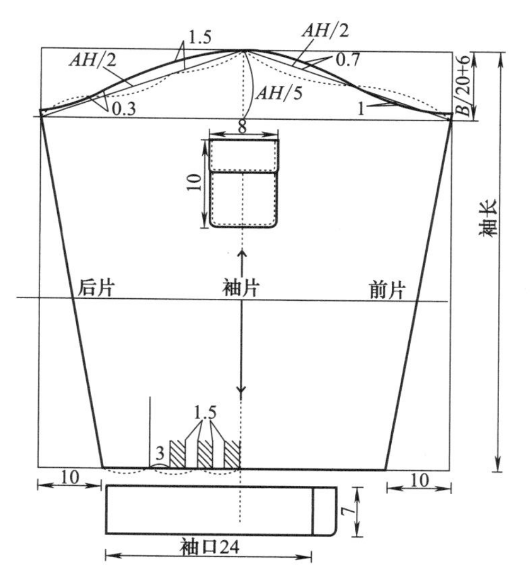

图5-20　男式衬衫变化款领、袖制版

C　男式衬衫款式三

款式分析

此款男式衬衫款式造型属休闲男装款型，领型为基本男休闲衬衫翻领造型，衣身宽松，为长袖造型。款式较为基本休闲，穿着帅气，随意舒适，适合多种场合穿着，如图5-21所示。

图5-21　男式衬衫变化款

制图尺寸

表5-8　男式衬衫基础规格尺寸

（单位：cm）

部位	规格净尺寸175/92A	成品尺寸
衣长（*L*）	70	70
背长（*BWL*）	44.5	44.5
胸围（*B*）	88	110
肩宽（*S*）	46	46
领围（*N*）	41.5	41.5
袖长（*SL*）	57	57
袖口（*CW*）	12	12

详细制作步骤

1. 后衣身

1）根据此款为休闲宽松的款式，在衣身原型基础上，将衣长设为70cm。在原型胸围线（*BL*）基础上在侧缝处加出放松量1cm，作胸围线（*BL*）。

2）*BNP*、*SNP*与原型基本一致，修顺后领弧线。

3）下摆向上翘起6cm，在侧缝处放出1cm，符合款式造型曲线。

2. 前衣身

1）前片在衣身原型基础上，将衣长设为70cm。在原型胸围线（*BL*）基础上在侧缝加出放松量2cm，作胸围线（*BL*），在腰围线（*WL*）上，加出放松量1cm。

2）门襟宽为3cm，*SNP*在原型基础上不变，修顺前领弧线。

3）由于此款为纽扣款式，有8颗纽扣，距领子部位2cm开始绘制纽扣，衣身门襟上平均分布7颗纽扣，领有1颗为领子纽扣。

4）下摆向上翘起6cm，在侧缝处放出2cm，符合款式造型曲线。

3. 袖子

1）以*B*/20+6为袖山高，前袖窿长为前袖窿测得的*AH*，后袖窿长为后*AH*，作三角形，袖长为57cm。

2）将前袖窿四等分，上凸点位0.7cm，下凹点位1cm。

3）将后袖窿三等分，在距袖山高点1/3处上凸点位1.5cm，下凹点位0.3cm。

4）为符合该衬衫款式设计，后袖开袖叉，在距袖叉3cm处间隔1.5cm设袖子褶裥。

5）按图示完成一片袖的绘制。

4. 领子

1）领围为*N*/2+1.5cm（门襟量）。

2）领座为3.5cm，领面为5cm。

5.加粗轮廓线，标注布纹及样片名称。如图5-22和图5-23所示。

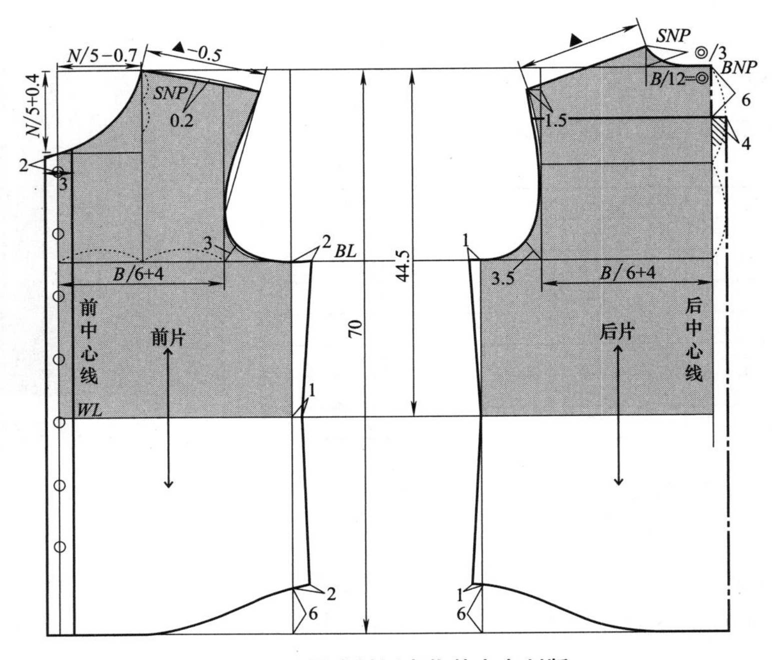

图5-22　男式衬衫变化款衣身制版

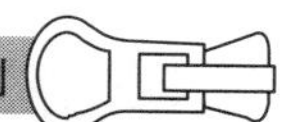

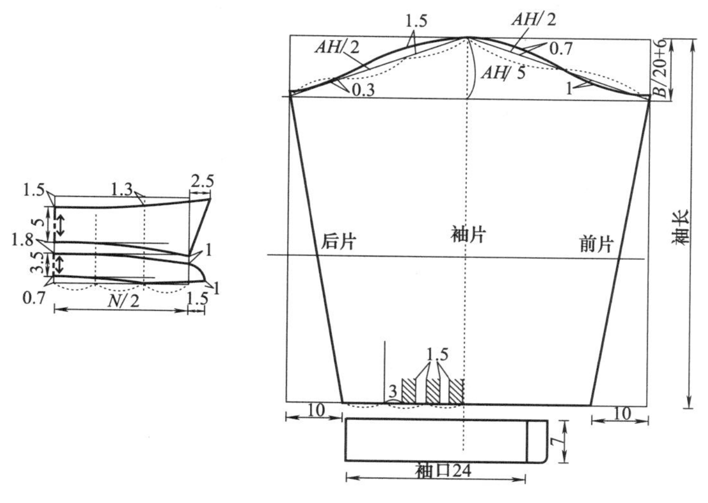

图5-23　男式衬衫变化款领、袖制版

第三节　经典男式外套款式及变化款打板

A　男式外套款式一

款式分析

此款男式外套款式造型属休闲款型，在原型基础上将领型设计为方翻领造型，衣身比例适中，为长袖造型，有口袋设计，款式较休闲，穿着舒适大方，如图5-24所示。

图5-24　男式外套变化款

制图尺寸

表5-9　男式外套基础规格尺寸

（单位：cm）

部位	规格净尺寸175/92A	成品尺寸
衣长（*L*）	65	65
背长（*BWL*）	44.5	44.5
胸围（*B*）	88	110
肩宽（*S*）	46	46
领围（*N*）	41.5	41.5
袖长（*SL*）	58.5	58.5
袖口（*CW*）	11	11

详细制作步骤

1. 后衣身

1）根据此款休闲男外套款式造型，在衣身原型基础上，将衣长设为65cm。在原型胸围线（*BL*）基础上加入松量，在侧缝加出放松量2cm，作胸围线（*BL*）。

2）BNP、SNP与原型基本一致，修顺后领弧线。

3）下摆为宽4cm的罗纹针织边，符合款式造型。

2. 前衣身

1）前片在衣身原型基础上，将衣长设为65cm。在原型胸围线（BL）基础上加入松量，在侧缝加出放松量2cm。

2）前片在前中心线位置设0.6cm撇门，门襟宽3cm，修顺前领弧线。

3）根据款式造型，距胸围线向下8cm，设计一有盖贴袋，宽18cm、高22cm。

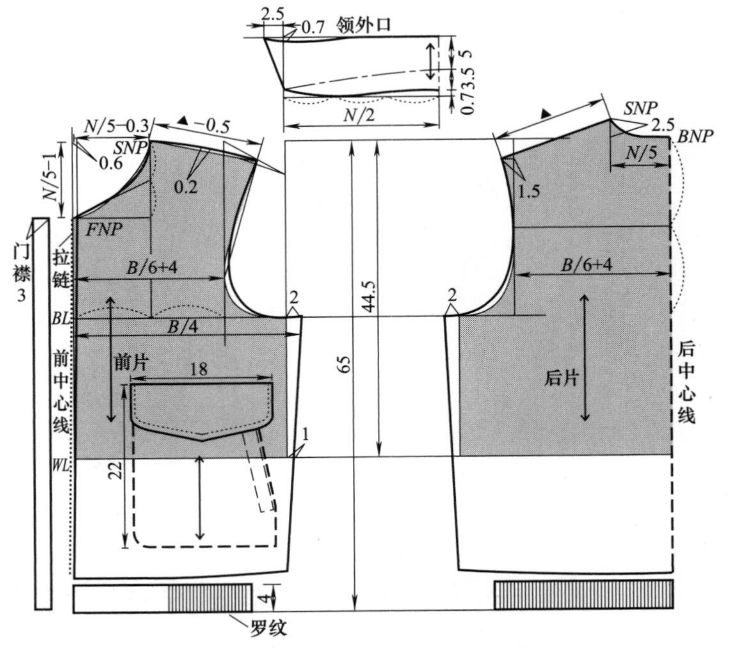

图5-25　男式外套变化款衣身制版

4）下摆为宽4cm的罗纹针织边。

3. 领子

1）领围为N/2。

2）方翻领款式，领座部分高为3.5cm，领面部分高为5cm。

4. 袖子

1）在前后衣片袖窿线基础上绘制一片袖。袖长为58.5cm。

2）取袖肥宽，等分，偏移2cm，确定袖顶点A，根据袖对合点、袖肥、1/4袖肥定H点、G点，BG=AH/2−3.5，连接后袖窿与后片的交界点B点，垂直延伸至D点，BD线交袖窿线于C点。DE为袖口长。

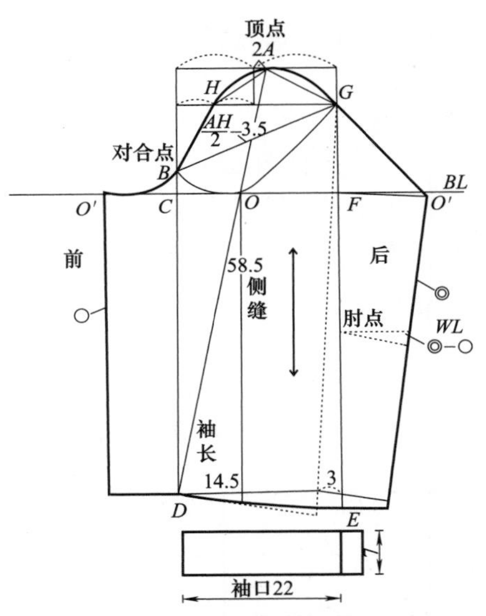

图5-26　男式外套变化款袖子制版

3）O为侧缝线与袖窿线的交点。以BD线和FE线为对称线，分别镜像于O′点。以O′点向下作垂线，作为前袖缝线。以O′作平行于FE的线，作为后袖缝线。前袖缝线长为○，后袖缝线长为◎，后袖肘处设有袖省，省量为◎−○。将各关键点依次连接完成袖子原型结构制图。画顺线条，完成袖口弧线。

4）袖克夫宽7cm，在二片袖绘制图的基础上，将小袖拆分，再按图示完成一片袖的绘制。

5. 加粗轮廓线，标注布纹及样片名称。如图5-25和图5-26所示。

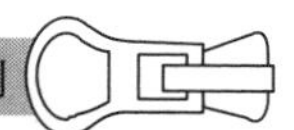

B　男式外套款式二

款式分析

此款男式外套款式造型属休闲款型，在原型基础上将领型设计为圆角翻立领造型，衣身比例适中，门襟较宽，设计时尚。为长袖造型，口袋为有盖贴袋设计，款式较休闲，穿着舒适大方，如图5-27所示。

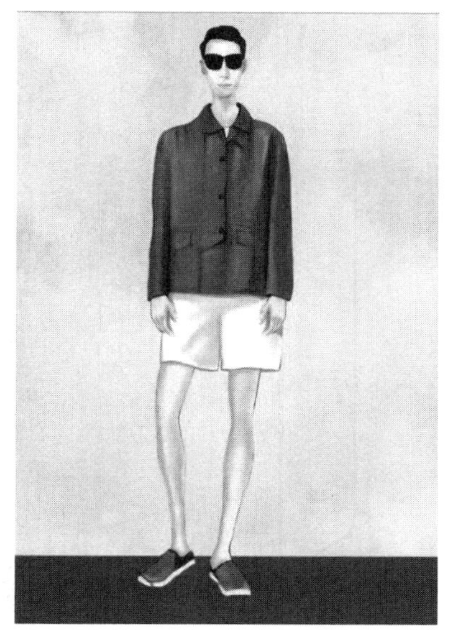

图5-27　男式外套变化款

制图尺寸

表5-10　男式外套基础规格尺寸

（单位：cm）

部位	规格净尺寸175/92A	成品尺寸
衣长（*L*）	68	68
背长（*BWL*）	44.5	44.5
胸围（*B*）	88	110
肩宽（*S*）	46	46
领围（*N*）	41.5	41.5
袖长（*SL*）	58.5	58.5
袖口（*CW*）	12	12

详细制作步骤

1. 后衣身

1）根据此款休闲男外套款式造型，在衣身原型基础上，将衣长设为68cm。在原型胸围线（*BL*）基础上加入松量，在侧缝加出放松量2cm，作胸围线（*BL*）。

2）*BNP*、*SNP*与原型基本一致，修顺后领弧线。

2.前衣身

1）前片在衣身原型基础上，将衣长设为68cm。在原型胸围线（*BL*）基础上加入松量，在侧缝加出放松量2cm。

2）前片在前中心线位置设1cm撇门，修顺前领弧线。

3）根据款式造型，距下摆边8cm处有宽门襟设计，底边为斜边设计，宽10cm 。

4）胸围线（*BL*）向下8cm，设计一有盖贴袋，宽16cm、高20cm。

3. 领子

1）领围为*N*/2 。

2）圆角领款式，领座部分高为3.5cm，领面部分高为5.5cm。

4. 袖子

1）在前后衣片袖窿线基础上绘制一片袖。袖长为58.5cm。

2）将各关键点依次连接完成袖子原型结构制图。画顺线条，完成袖口弧线。在二片袖绘制图的基础上，将小袖拆分，再按图示完成一片袖的绘制。

5. 加粗轮廓线，标注布纹及样片名称。如图5-28和图5-29所示。

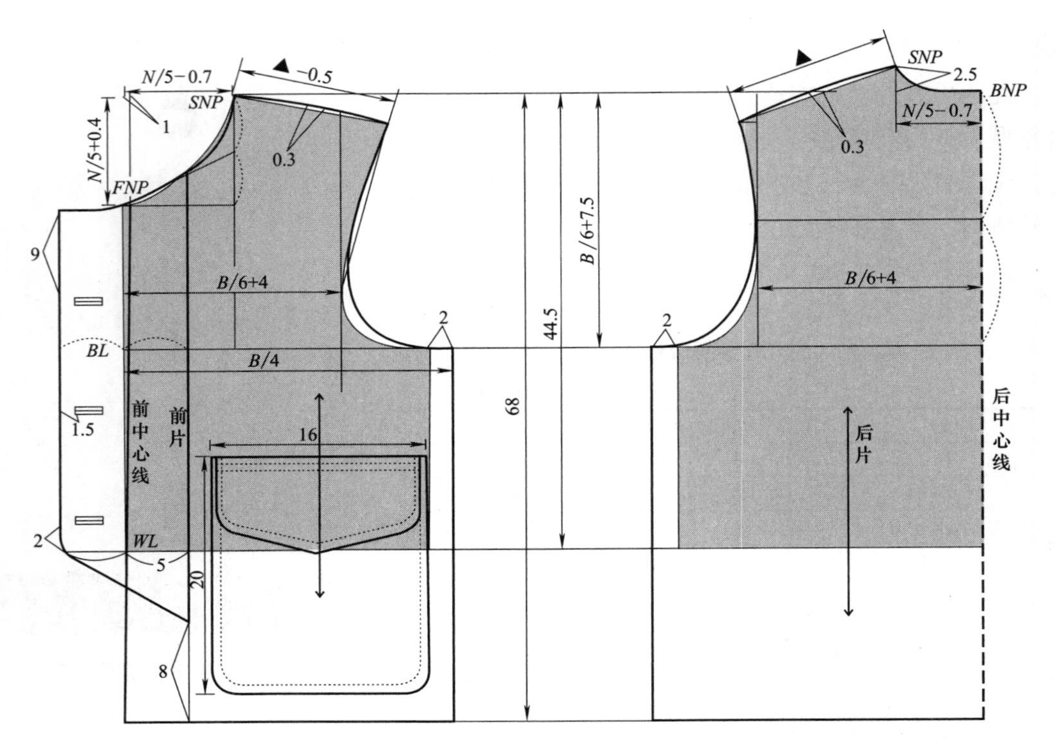

图5-28　男式外套变化款衣身制版

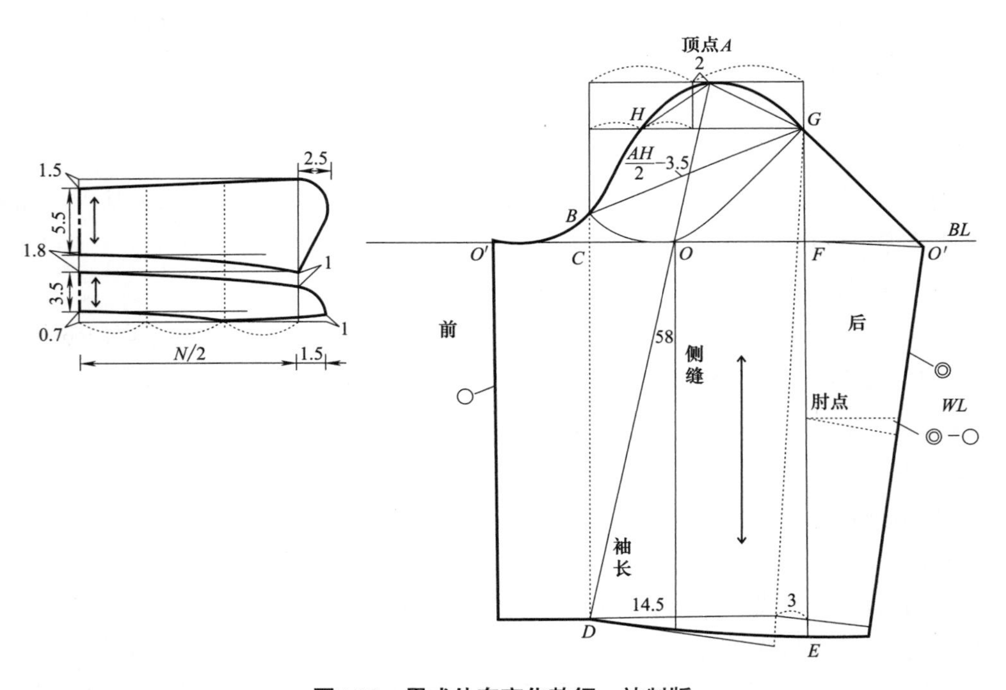

图5-29　男式外套变化款领、袖制版

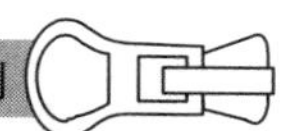

C 男式外套款式三

款式分析

此款男式外套款式造型属休闲款型，针织立领造型，衣身比例适中，门襟为拉链设计，时尚感强。插肩袖造型，口袋为插袋设计，款式较休闲，穿着舒适大方，如图5-30所示。

图5-30 男式外套变化款

制图尺寸

表5-11 男式外套基础规格尺寸

（单位：cm）

部位	规格净尺寸175/92A	成品尺寸
衣长（*L*）	68	68
背长（*BWL*）	44.5	44.5
胸围（*B*）	88	108
肩宽（*S*）	46	46
领围（*N*）	41.5	41.5
袖长（*SL*）	58.5	58.5
袖口（*CW*）	13	13

详细制作步骤

1. 后衣身

1）根据此款休闲男外套款式造型，在衣身原型基础上，将衣长设为68cm。在原型胸围线（*BL*）基础上加入松量，在侧缝加出放松量1cm，作胸围线（*BL*）。

2）*BNP*、*SNP*与原型基本一致，修顺后领弧线。

2. 前衣身

1）前片在衣身原型基础上，将衣长设为68cm。在原型胸围线（*BL*）基础上加入松量，在侧缝加出放松量1cm。

2）根据款式造型，前襟为拉链造型，在前中心线位置设1cm撇门，修顺前领弧线。

3. 领子

1）领围为*N*/2。

2）立领领款式，领子高为5.5cm。

4. 袖子

1）根据衣身原型的前后袖窿，做插肩袖。根据领口造型定插肩袖位置点。在肩点处作腰长为10cm的等腰三角形，以肩点和斜边的中点连线确定袖子的造型线。

2）定袖肥，从肩点向下沿袖子的造型线作垂线，作袖窿线。作衣身袖窿线的反射线，前袖缝线向内凹1cm，后袖缝线向内凹0.6cm，完成袖子造型。

3）袖长为58.5cm。作袖口线。

4）连接各个定位点，修顺线条，完成插肩袖型。

5. 加粗轮廓线，标注布纹及样片名称。如图5-31所示。

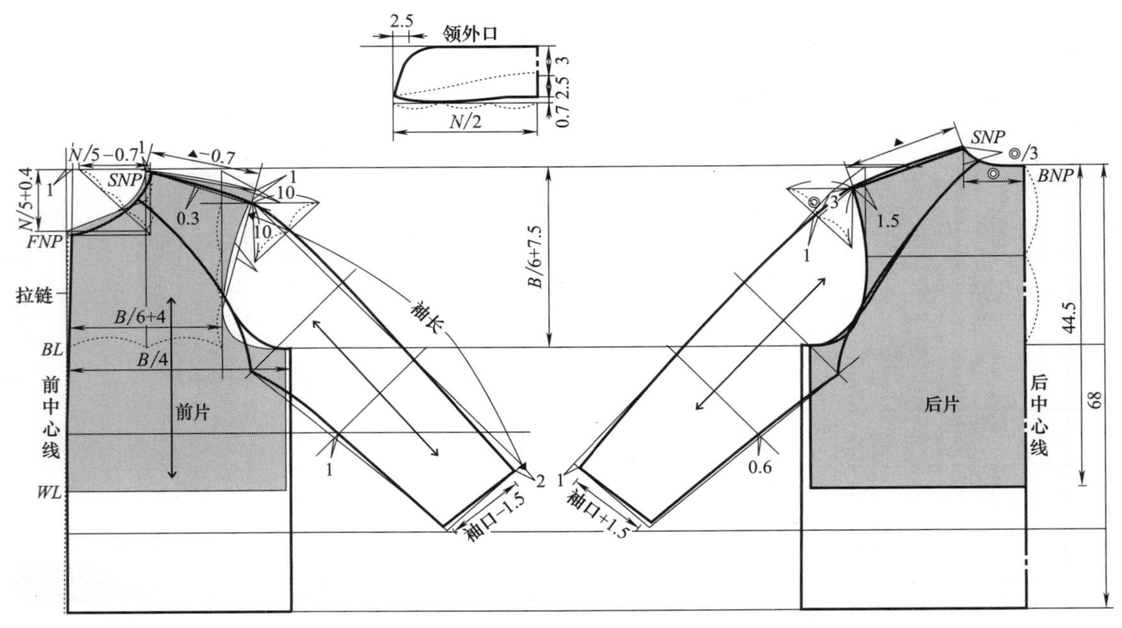

图5-31 男式外套变化款衣身制版

D 男式外套款式四

款式分析

此款男式外套款式造型属休闲款型，针织立领造型，衣身比例适中，门襟为拉链设计，时尚感强。插肩袖造型，口袋为插袋设计，款式较休闲，穿着舒适大方，如图5-32所示。

图5-32 男式外套变化款

制图尺寸

表5-12 男式外套基础规格尺寸

（单位：cm）

部位	规格净尺寸175/92A	成品尺寸
衣长（*L*）	65	65
背长（*BWL*）	44.5	44.5
胸围（*B*）	88	110
肩宽（*S*）	46	46
领围（*N*）	41.5	41.5
袖长（*SL*）	58.5	58.5
袖口（*CW*）	12	12

详细制作步骤

1. 后衣身

1）根据此款休闲男外套款式造型，在衣身原型基础上，将衣长设为65cm。在原型胸

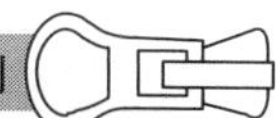

围线（*BL*）基础上加入松量，在侧缝加出放松量2cm，作胸围线（*BL*）。

2）*BNP*、*SNP*与原型基本一致，修顺后领弧线。

3）下摆为宽4cm的罗纹针织边，符合款式造型。

2. 前衣身

1）前片在衣身原型基础上，将衣长设为65cm。在原型胸围线（*BL*）基础上加入松量，在侧缝加出放松量2cm。

2）前片在前中心线位置设0.6cm撇门，门襟宽3cm，修顺前领弧线。

3）根据款式造型，距胸围线向下8cm，设计一有盖贴袋，宽18cm、高22cm。

4）下摆为宽4cm的罗纹针织边。

3. 领子

1）领围为*N*/2。

2）方翻领款式，领座部分高为3.5cm，领面部分高为5cm。

4. 袖子

1）在前后衣片袖窿线基础上绘制一片袖。袖长为58.5cm。

2）在二片袖绘制图的基础上，将小袖拆分，再按图示完成一片袖的绘制。

5. 加粗轮廓线，标注布纹及样片名称。如图5-33和图5-34所示。

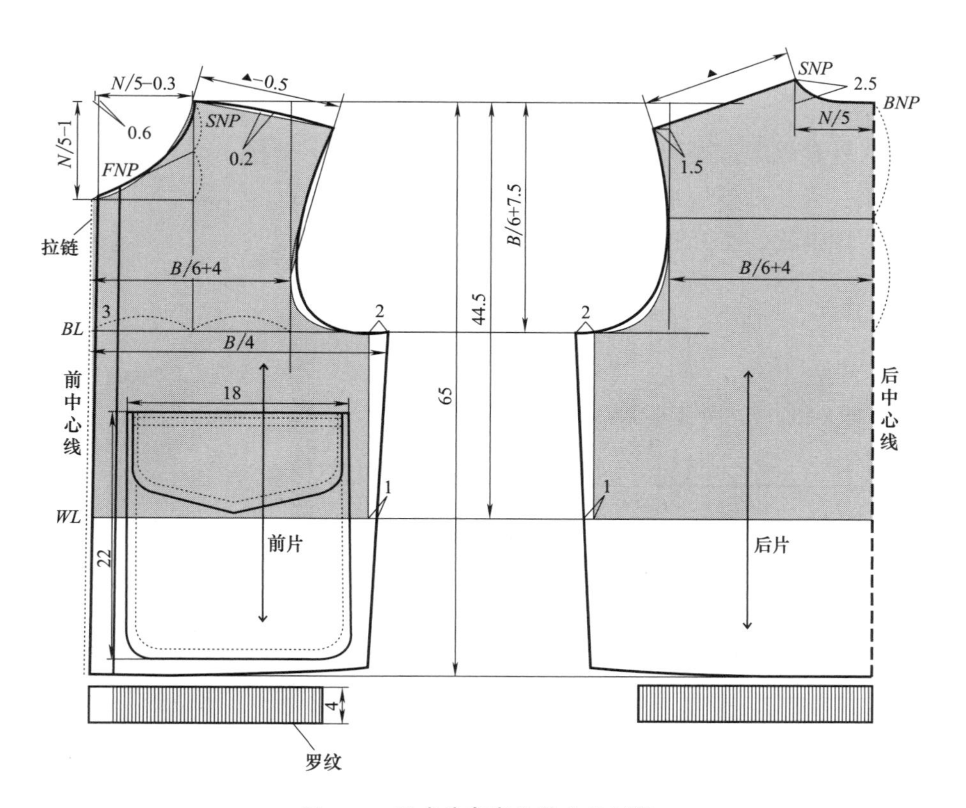

图5-33　男式外套变化款衣身制版

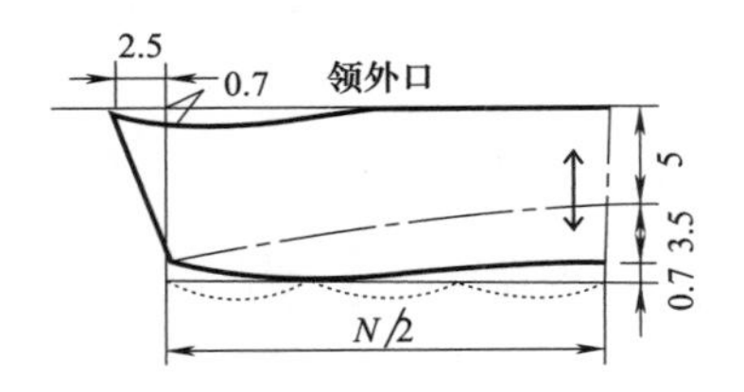

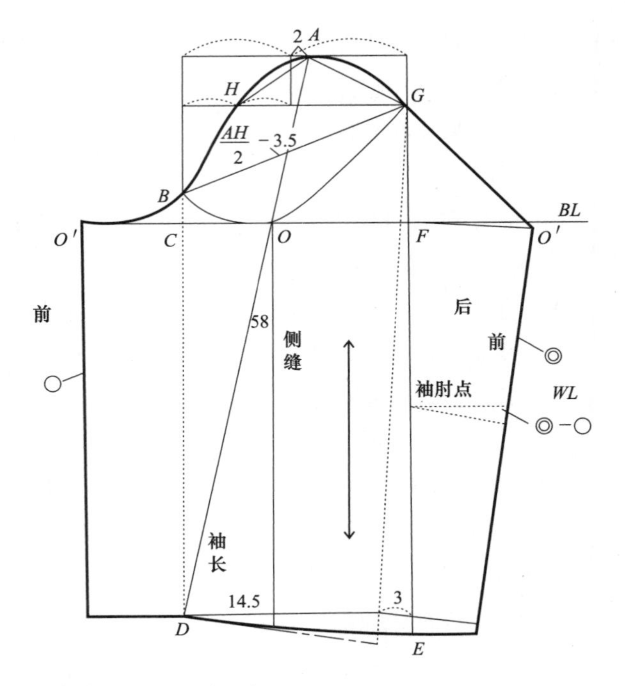

图5-34　男式外套变化款领、袖制版

E　男式外套款式五

款式分析

此款男式外套款式造型属休闲男装款型，为无领造型，衣身休闲，为长袖插肩袖造型。门襟处有拼色装饰边，属于基本休闲款，穿着舒适随意，如图5-35所示。

图5-35　男式外套变化款

制图尺寸

表5-13　男式外套基础规格尺寸

（单位：cm）

部位	规格净尺寸175/92A	成品尺寸
衣长（L）	65	65
背长（BWL）	44.5	44.5
胸围（B）	88	110
肩宽（S）	46	46
领围（N）	41.5	41.5
袖长（SL）	57	57
袖口（CW）	11	11

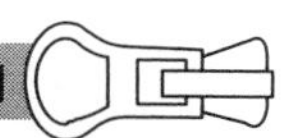

详细制作步骤

1. 后衣身

1）根据此款休闲男外套款式造型，在衣身原型基础上，将衣长设为65cm。在原型胸围线（*BL*）基础上加入松量，在侧缝加出放松量1cm，作胸围线（*BL*）。

2）*BNP*、*SNP*与原型基本一致，后领拼色装饰边，宽4cm，修顺后领弧线。

2. 前衣身

1）前片在衣身原型基础上，将衣长设为65cm。在原型胸围线（*BL*）基础上加入松量，在侧缝加出放松量1cm。

2）根据款式造型，前襟为拉链造型，在前中心线位置设1cm撇门，前领及门襟下摆部位拼色装饰边，宽4cm，修顺前领弧线。

3）在胸围线（*BL*）下8cm处，设置长16cm的前斜插袋。

3. 袖子

1）根据衣身原型的前后袖窿，做插肩袖。根据领口造型定插肩袖位置点。在肩点处作腰长为10cm的等腰三角形，以肩点和斜边的中点连线确定袖子的造型线。

2）定袖肥，从肩点向下沿袖子的造型线作垂线，作袖窿线。作衣身袖窿线的反射线，前袖缝线向内凹1cm，后袖缝线向内凹0.6cm，完成袖子造型。

3）袖长为53cm。根据款式造型，袖口亦有4cm做装饰袖克夫。

4）连接各个定位点，修顺线条，完成插肩袖型。

4. 加粗轮廓线，标注布纹及样片名称。如图5-36所示。

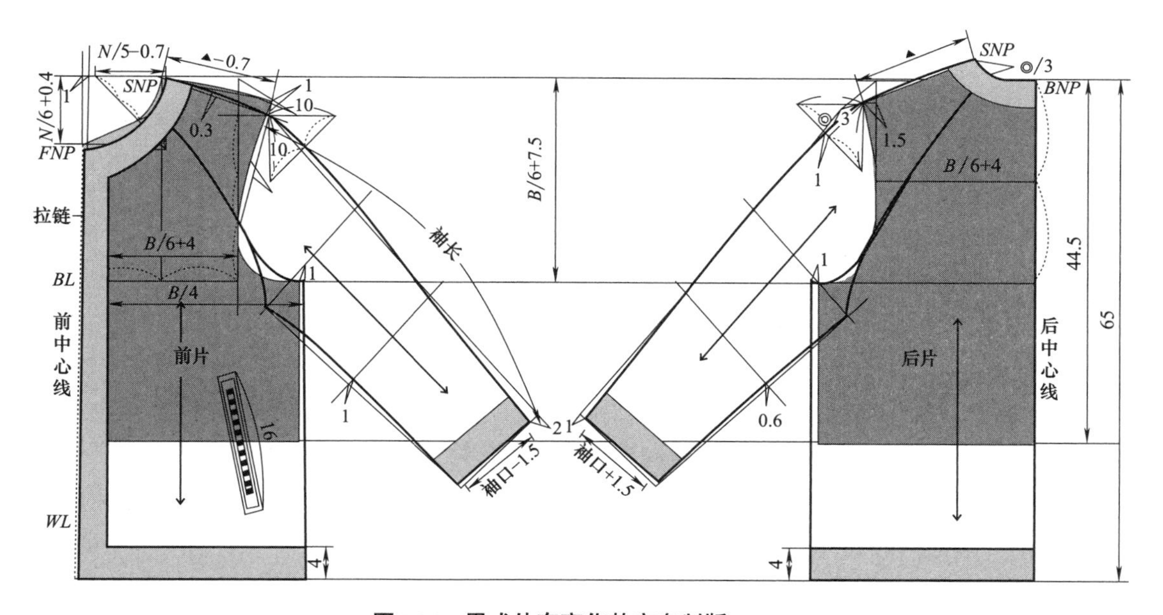

图5-36　男式外套变化款衣身制版

F 男式外套款式六

款式分析

此款男式外套款式造型属薄款休闲款型，领型为方翻领造型，衣身为短款，款式短小精干，为长袖插肩袖造型。有罗纹装饰边，属于基本休闲款，穿着舒适随意，如图5-37所示。

图5-37 男式外套变化款

制图尺寸

表5-14 男式外套基础规格尺寸

（单位：cm）

部位	规格净尺寸175/92A	成品尺寸
衣长（*L*）	59	59
背长（*BWL*）	44.5	44.5
胸围（*B*）	88	110
肩宽（*S*）	46	46
领围（*N*）	41.5	41.5
袖长（*SL*）	57	57
袖口（*CW*）	12	12

详细制作步骤

1. 后衣身

1）根据此款休闲男外套款式造型，在衣身原型基础上，修顺前领弧线。将衣长设为55cm，下摆部位有宽4cm的罗纹边。在原型胸围线（*BL*）基础上加入松量，在侧缝加出放松量1cm，作胸围线（*BL*）。

2）*BNP*、*SNP*与原型基本一致，修顺后领弧线。

2. 前衣身

1）前片在衣身原型基础上，将衣长设为55cm，下摆部位有宽4cm的罗纹边。在原型胸围线（*BL*）基础上加入松量，在侧缝加出放松量1cm，作胸围线（*BL*）。

2）根据款式造型，前襟为拉链造型，在前中心线位置设1cm撇门，前门径宽2cm，修顺前领及门襟线。

3. 袖子

1）根据衣身原型的前后袖窿，做插肩袖。根据领口造型定插肩袖位置点。在肩点处作腰长为10cm的等腰三角形，以肩点和斜边的中点连线确定袖子的造型线。

2）定袖肥，从肩点向下沿袖子的造型线作垂线，作袖窿线。作衣身袖窿线的反射线，前袖缝线向内凹1cm，后袖缝线向内凹0.6cm，完成袖子造型。

3）袖长为53cm。根据款式造型，袖口亦有4cm做装饰袖克夫。

4）连接各个定位点，修顺线条，完成插肩袖型。

4. 加粗轮廓线，标注布纹及样片名称。如图5-38所示。

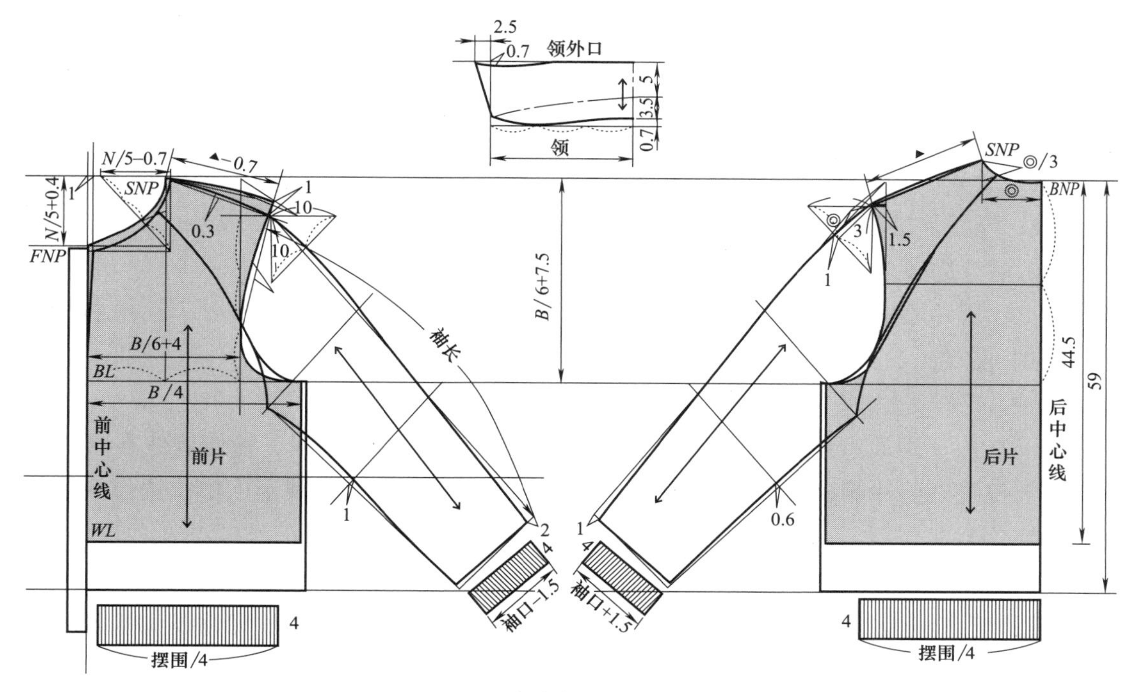

图5-38　男式外套变化款衣身制版

第四节　经典男式西装款式及变化款打板

A　男式西装款式一

款式分析

此款男式西装款式造型属经典男西装H形款式，三片身经典男西装显得修身合体，款式较为基本正式，适合用于职业着装，如图5-39所示。

图5-39　男式西装变化款

制图尺寸

表5-15　男式西装基础规格尺寸

（单位：cm）

部位	规格净尺寸175/92A	成品尺寸
衣长（*L*）	75	75
背长（*BWL*）	42.5	42.5
胸围（*B*）	92	110
肩宽（*S*）	47.5	47.5
领围（*N*）	42.5	42.5
袖长（*SL*）	60	60
袖口（*CW*）	15	15

详细制作步骤

1. 后衣身

1）此款为经典男正装款式造型，在衣身原型基础上，衣长设为75cm，设置三片身，在腰围线（*WL*）上设腰省，与侧身片分开，以原型后片背宽线为基础，向内收进2cm作侧缝线，侧缝下摆处向内收进1cm。

2）后领造型与原型一致。

3）在后片原型背长基础上将后片衣长向上减去2cm。在胸围线（*BL*）上后中心线比原型向内收0.8cm。在腰围线（*WL*）上后中心线比原型向内收2cm。

2. 侧衣身

1）在前片距原型前侧缝线3cm处设原型前片侧缝线的平行线，前侧缝线在腰围线（*WL*）位置以前片侧缝线为基础收0.5cm作为腰省量，延伸平行线至下摆位置作侧片前侧缝线。

2）侧片后侧缝线在后片袖窿上距后背宽线0.8cm处设置，侧缝线在腰围线（*WL*）位置以后片背宽线为基础收进1.5cm，作为腰省量，在下摆位置以后片背宽线为基础放出2cm，以适合臀部。

3. 前衣身

1）前片在衣身原型基础上，将衣长设为75cm。

2）前门襟距原型前中心线2.5cm，下摆部位为圆角设计，在胸围线（*BL*）上等分前片宽度，在中点位置作到腰围线（*WL*）的垂线，在该线上设置前腰省，省量为1.5cm，符合款式修身合体的造型。

3）在前片设胸前插袋，位置距离前胸宽线2cm，袋口宽10.5cm、高3cm。距腰围线（*WL*）下方8cm、距前中心线12cm处绘制有盖西装袋，袋宽17cm。

4. 西装领

领子取前领围和后领围为领座长度。在前肩线位置上延伸出2cm得*A*点，以*SNP*为基础，绘制西装领造型，造型线至*B*点，连接*AB*点，作领翻折线，以该线为对称线，采用反射作图法绘制外套西装驳领。

5. 袖子

1）在前后衣片袖窿线基础上绘制两片袖。袖长为60cm。

2）根据袖对合点、背宽线和*AH*/2−1cm构成袖山外轮廓并绘制各主要部位辅助线。

3）在袖山辅助线的基础上寻求关键点，并将各关键点依次连接完成袖子原型结构制图。在大袖的基础上根据各个点进行偏移，获得小袖的造型。

4）画顺线条，完成袖口弧线。

5）开袖叉，长10cm、宽2.5cm。大袖上设袖扣3颗，距袖口边3cm，距袖缝线1.5cm。

6. 加粗轮廓线，标注布纹及样片名称。如图5-40和图5-41所示。

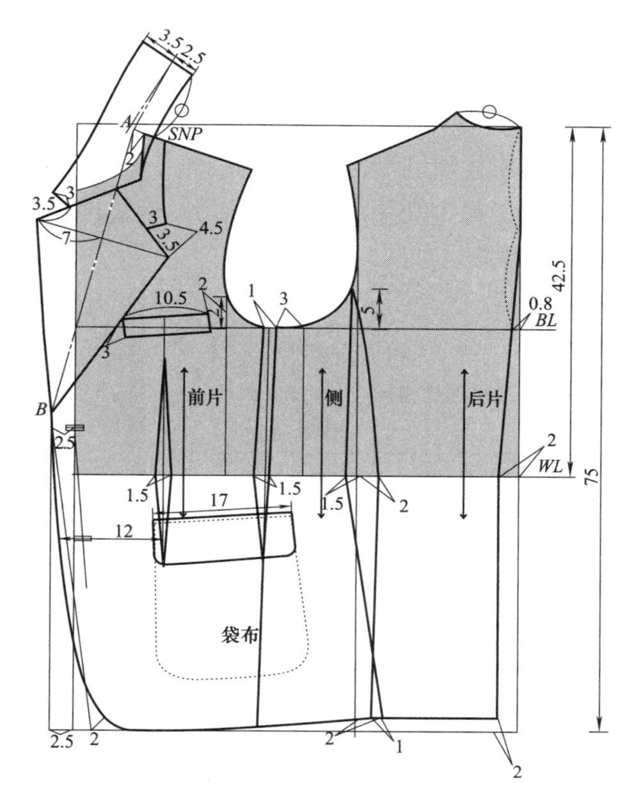

图5-40　男式西装变化款衣身制版

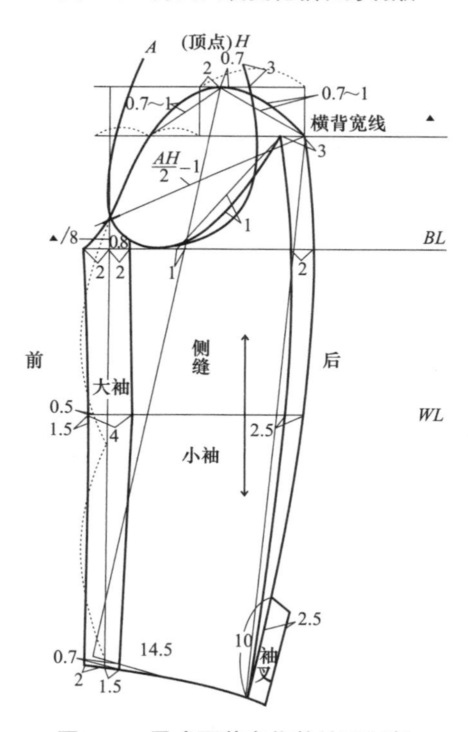

图5-41　男式西装变化款袖子制版

B 男式西装款式二

款式分析

此款男式西装款式造型属休闲男西装款型，在经典男西装原型基础上进行变化，更为修身、合体，为长袖造型。款式较为休闲，适合混搭，如图5-42所示。

图5-42 男式西装变化款

制图尺寸

表5-16 男式西装基础规格尺寸

（单位：cm）

部位	规格净尺寸175/92A	成品尺寸
衣长（*L*）	75	75
背长（*BWL*）	45	45
胸围（*B*）	92	110
肩宽（*S*）	47.5	47.5
领围（*N*）	42.5	42.5
袖长（*SL*）	58	58
袖口（*CW*）	15	15

详细制作步骤

1. 后衣身

1）此款为休闲男西装款式造型，在衣身原型基础上，衣长设为75cm，设置三片身，在腰围线（*WL*）上设腰省，与侧身片分开，以原型后片背宽线为基础，向内收进2cm作侧缝线，侧缝下摆处向内收进1cm。

2）后领造型与原型一致。

3）在后片原型背长基础上将后片衣长向上减去2cm。在胸围线（*BL*）上后中心线比原型向内收0.8cm。在腰围线（*WL*）上后中心线比原型向内收2cm。

2. 侧衣身

1）在前片距原型前侧缝线3cm处设原型前片侧缝线的平行线，前侧缝线在腰围线（*WL*）位置上，以前片侧缝线为基础收0.5cm，延伸平行线至下摆位置作侧片前侧缝线。

2）侧片后侧缝线在后片袖窿上距后背宽线0.8cm处设置，侧缝线在腰围线（*WL*）位置以后片背宽线为基础收进1.5cm，作为腰省量，在下摆位置以后片背宽线为基础放出2cm，以适合臀部。

3. 前衣身

1）前片在衣身原型基础上，将衣长设为75cm。

2）前门襟距原型前中心线2cm，下摆部位为圆角设计，符合款式造型。

3）在前片设胸前插袋，位置距离前胸宽线2cm，袋口宽10.5cm、高3cm。距腰围线（WL）下方8cm、距前中心线10.5cm处绘制有盖西装袋，袋宽17cm。

4. 西装领

1）领子取前领围和后领围为领座长度。在前肩线位置上延伸出2cm得A点，以SNP为基础，绘制西装领造型，造型线至B点，连接AB点，作领翻折线，以该线为对称线，采用反射作图法绘制外套西装驳领。

2）根据款式造型，该款西装驳头为圆角造型。距对称线8cm。

5. 袖子

1）在前后衣片袖窿线基础上绘制两片袖。袖长为58cm。

2）根据袖对合点、背宽线和AH/2−1cm构成袖山外轮廓并绘制各主要部位辅助线。

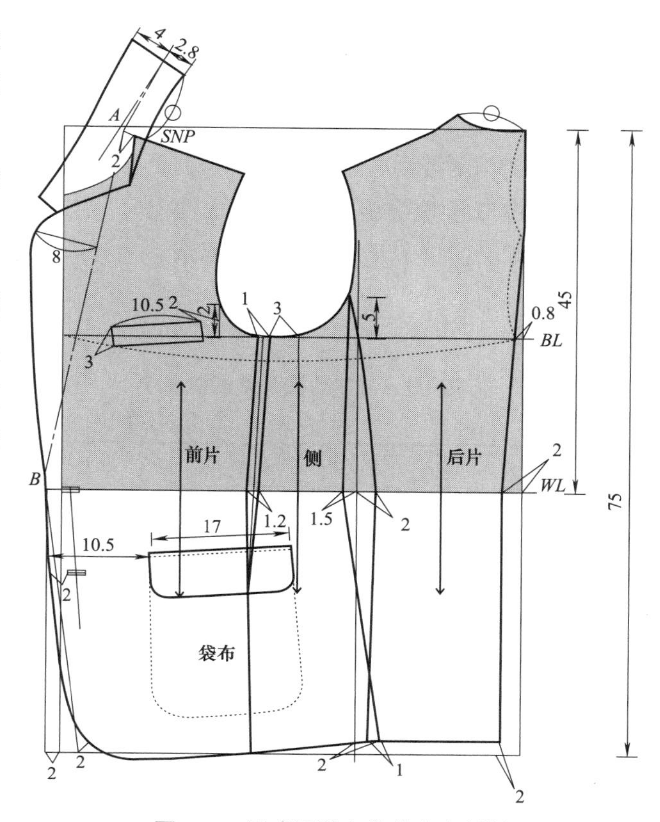

图5-43　男式西装变化款衣身制版

3）在袖山辅助线的基础上寻求关键点，并将各关键点依次连接完成袖子原型结构制图。在大袖的基础上根据各个点进行偏移，获得小袖的造型。

4）画顺线条，完成袖口弧线。

5）开袖叉，长10cm、宽2.5cm。大袖上设袖扣3颗，距袖口边3cm，距袖缝线1.5cm。

6. 加粗轮廓线，标注布纹及样片名称。如图5-43和图5-44所示。

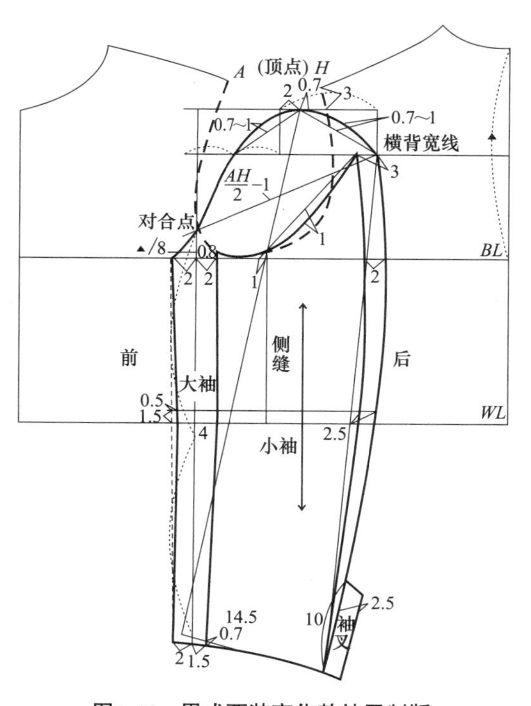

图5-44　男式西装变化款袖子制版

C 男式西装款式三

款式分析

此款男式西装款式造型属经典男西装款型的变化款，前门襟双排扣造型，衣身合体、修身。款式在正式中略显休闲，适合混搭，如图5-45所示。

图5-45 男式西装变化款

制图尺寸

表5-17 男式西装基础规格尺寸

（单位：cm）

部位	规格净尺寸175/92A	成品尺寸
衣长（*L*）	78	78
背长（*BWL*）	45	45
胸围（*B*）	92	110
肩宽（*S*）	47.5	47.5
领围（*N*）	42.5	42.5
袖长（*SL*）	58	58
袖口（*CW*）	16.5	16.5

详细制作步骤

1. 后衣身

1）此款为经典男西装款型的变化款，在衣身原型基础上，衣长设为78cm，设置三片身，在腰围线（*WL*）上设腰省，与侧身片分开，以原型后片背宽线为基础，向内收进2cm作侧缝线，侧缝下摆处向内收进1cm。

2）后领造型与原型一致。

3）在后片原型背长基础上将后片衣长向上减去2cm。在胸围线（*BL*）上后中心线比原型向内收0.8cm。在腰围线（*WL*）上后中心线比原型向内收2cm。

2. 侧衣身

1）在前片距原型前侧缝线3cm处设原型前片侧缝线的平行线，前侧缝线在腰围线（*WL*）位置以前片侧缝线为基础收0.5cm作为腰省量，延伸平行线至下摆位置作侧片前侧缝线。

2）侧片后侧缝线在后片袖窿上距后背宽线0.8cm处设置，侧缝线在腰围线（*WL*）位置以后片背宽线为基础收进1.5cm，作为腰省量，在下摆位置以后片背宽线为基础放出2cm，以适合臀部。

3. 前衣身

1）前片在衣身原型基础上，将衣长设为78cm。

2）前门襟距原型前中心线8cm，双排扣设计，扣子距前中心线3cm，共4颗扣子，等距，符合款式造型。

3）在前片设胸前插袋，位置距离前胸宽线2cm，袋口宽10.5cm、高3cm。距腰围线（*WL*）下方8cm、距前中心线12cm处绘制西装插袋，袋宽16cm。

4. 西装领

1）领子取前领围和后领围为领座长度。在前肩线位置上延伸出2cm得*A*点，以*SNP*为基础，绘制西装领造型，造型线至*B*点，连接*AB*点，作领翻折线，以该线为对称线，采用反射作图法绘制外套西装驳领。

2）根据款式造型，该款西装领造型为大翻驳头领造型。距对称线8cm。

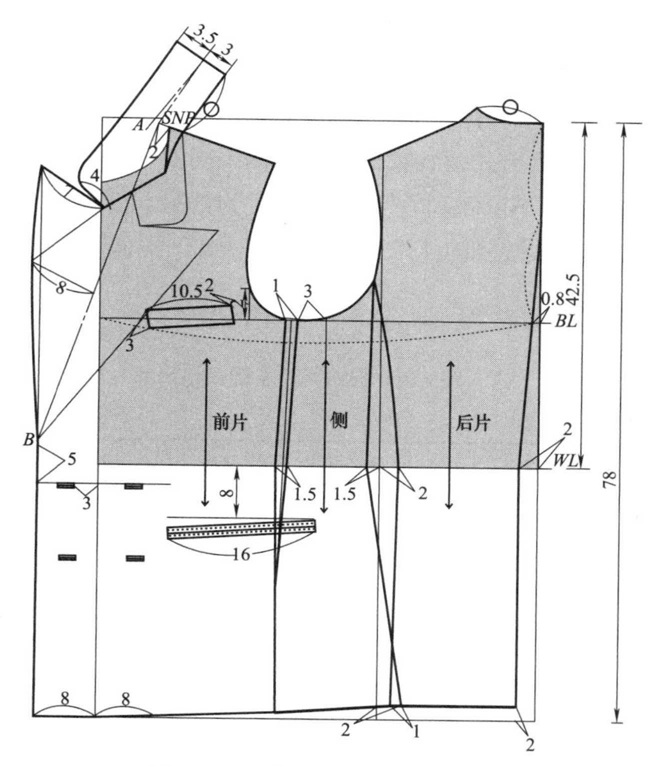

图5-46　男式西装变化款衣身制版

5. 袖子

1）在前后衣片袖窿线基础上绘制两片袖。袖长为58cm。

2）根据袖对合点、背宽线和*AH*/2－1cm构成袖山外轮廓并绘制各主要部位辅助线。

3）在袖山辅助线的基础上寻求关键点，并将各关键点依次连接完成袖子原型结构制图。在大袖的基础上根据各个点进行偏移，获得小袖的造型。

4）画顺线条，完成袖口弧线。

5）开袖叉，长10cm、宽2.5cm。大袖上设袖扣3颗，距袖口边3cm，距袖缝线1.5cm。

6. 加粗轮廓线，标注布纹及样片名称。如图5-46和图5-47所示。

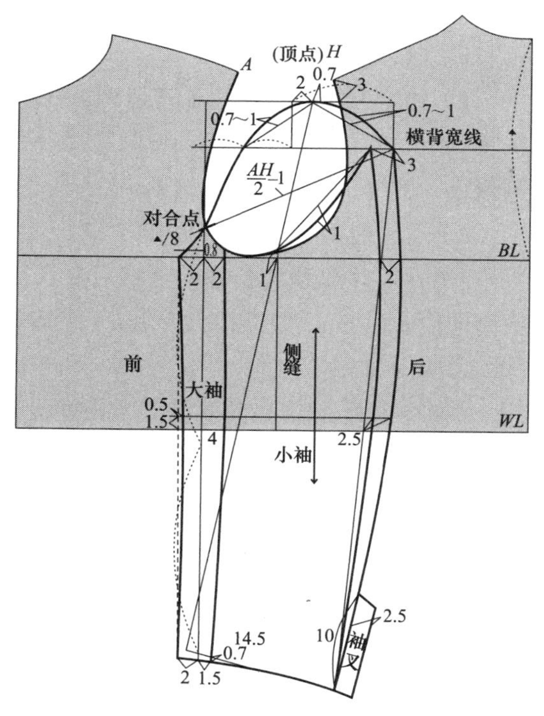

图5-47　男式西装变化款袖子制版

D 男式西装款式四

款式分析

此款男式西装款式造型属休闲男西装款型，在经典男西装原型基础上进行变化，更为修身、合体，为长袖造型。款式较为休闲，适合混搭，如图5-48所示。

图5-48 男式西装变化款

制图尺寸

表5-18 男式西装基础规格尺寸

（单位：cm）

部位	规格净尺寸175/92A	成品尺寸
衣长（*L*）	75	75
背长（*BWL*）	42.5	42.5
胸围（*B*）	92	110
肩宽（*S*）	47.5	47.5
领围（*N*）	42.5	42.5
袖长（*SL*）	60	60
袖口（*CW*）	15	15

详细制作步骤

1. 后衣身

1）此款为休闲男西装款式造型，在衣身原型基础上，衣长设为75cm，设置三片身，在腰围线（*WL*）上设腰省，与侧身片分开，以原型后片背宽线为基础，向内收进2cm作侧缝线，侧缝下摆处向内收进1cm。

2）后领造型与原型一致。

3）在后片原型背长基础上将后片衣长向上减去2cm。在胸围线（*BL*）上后中心线比原型向内收0.8cm。在腰围线（*WL*）上后中心线比原型向内收2cm。

2. 侧衣身

1）在前片距原型前侧缝线3cm处设原型前片侧缝线的平行线，前侧缝线在腰围线（*WL*）位置以前片侧缝线为基础收0.2cm作为腰省量，延伸平行线至下摆位置作侧片前侧缝线。

2）侧片后侧缝线在后片袖窿上距后背宽线0.8cm处设置，侧缝线在腰围线（*WL*）位置以后片背宽线为基础收进1.5cm，作为腰省量，在下摆位置以后片背宽线为基础放出2cm，以适合臀部。

3. 前衣身

1）前片在衣身原型基础上，将衣长设为75cm。

2）前门襟距原型前中心线2cm，下摆部位为圆角设计，符合款式造型。

3）在前片设胸前插袋，位置距离前胸宽线2cm，袋口宽10.5cm、高3cm。距腰围线（*WL*）下方8cm、距前中心线10.5cm处绘制有盖西装袋，袋宽17cm。

4. 西装领

1）领子取前领围和后领围为领座长度。在前肩线位置上延伸出2cm得*A*点，以*SNP*为基础，绘制西装领造型，造型线至*B*点，连接*AB*点，作领翻折线，以该线为对称线，采用反射作图法绘制外套西装驳领。

2）根据款式造型，该款西装驳领为直线条造型，距对称线8cm。

5. 袖子

1）在前后衣片袖窿线基础上绘制两片袖。袖长为60cm。

2）根据袖对合点、背宽线和*AH*/2−1cm构成袖山外轮廓并绘制各主要部位辅助线。

3）在袖山辅助线的基础上寻求关键点，并将各关键点依次连接完成袖子原型结构制图。在大袖的基础上根据各个点进行偏移，获得小袖的造型。

4）画顺线条，完成袖口弧线。

5）开袖叉，长10cm、宽2.5cm。大袖上设袖扣3颗，距袖口边3cm，距袖缝线1.5cm。

6. 加粗轮廓线，标注布纹及样片名称。如图5-49和图5-50所示。

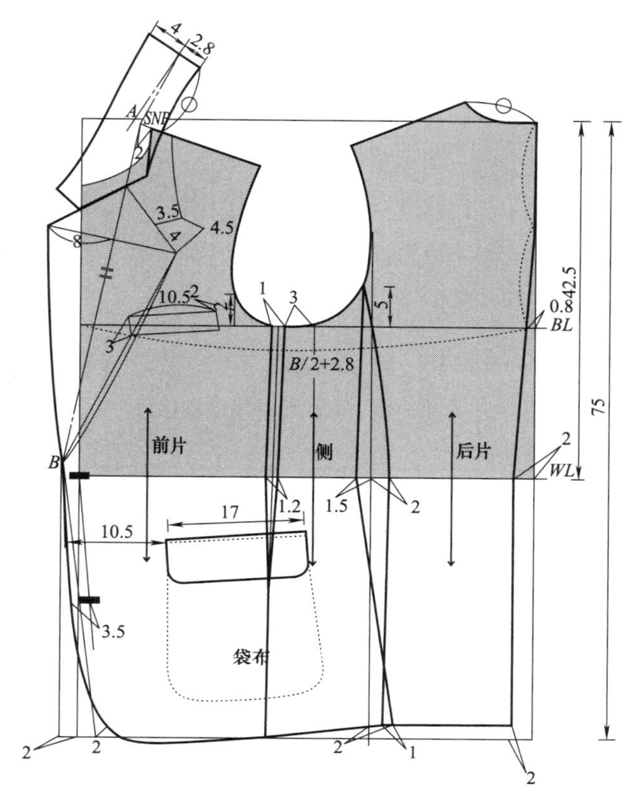

图5-49　男式西装变化款衣身制版

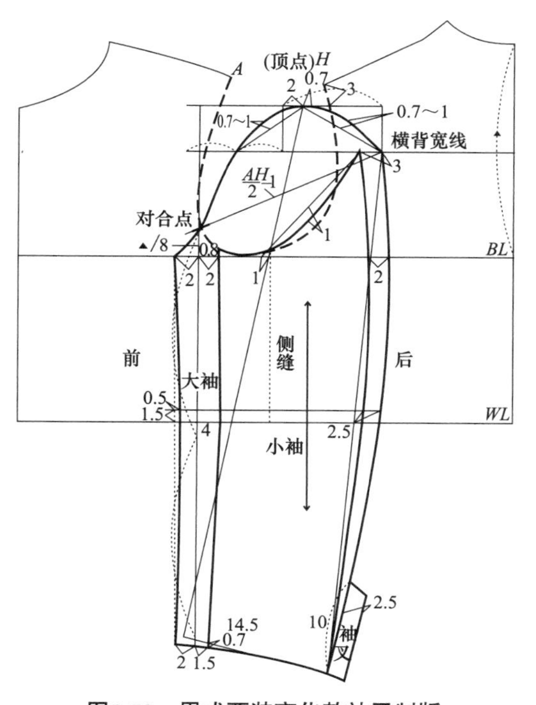

图5-50　男式西装变化款袖子制版

E 男式西装款式五

款式分析

此款男式西装款式造型属休闲男西装款型，有撞色拼接的设计，借鉴了工装的设计风格。撞色拼接使得西装款式休闲随意，百搭，如图5-51所示。

图5-51 男式西装变化款

制图尺寸

表5-19 男式西装基础规格尺寸

（单位：cm）

部位	规格净尺寸175/92A	成品尺寸
衣长（*L*）	70	70
背长（*BWL*）	42.5	42.5
胸围（*B*）	92	110
肩宽（*S*）	47.5	47.5
领围（*N*）	42.5	42.5
袖长（*SL*）	60	60
袖口（*CW*）	16.5	16.5

详细制作步骤

1. 后衣身

1）此款为休闲男西装款式造型，在衣身原型基础上，衣长设为70cm，设置三片身，在腰围线（*WL*）上设腰省，与侧身片分开，以原型后片背宽线为基础，向内收进2cm作侧缝线，侧缝下摆处向内收进1cm。

2）后领造型与原型一致。

3）在后片原型背长基础上将后片衣长向上减去2cm。在胸围线（*BL*）上后中心线比原型向内收0.8cm。在腰围线（*WL*）上后中心线比原型向内收2cm。

4）距原型后片腰围线（*WL*）以上10cm，做款式的撞色分割线设计。

2. 侧衣身

1）在前片距原型前侧缝线3cm处设原型前片侧缝线的平行线，前侧缝线在腰围线（*WL*）位置以前片侧缝线为基础收0.2cm作为腰省量，延伸平行线至下摆位置作侧片前侧缝线。

2）侧片后侧缝线在后片袖窿上距后背宽线0.8cm处设置，侧缝线在腰围线（*WL*）位置以后片背宽线为基础收进1.5cm，作腰省量，在下摆位置以后片背宽线为基础放出2cm，以适合臀部。

3. 前衣身

1）前片在衣身原型基础上，将衣长设为70cm。

2）前门襟距原型前中心线为2.5cm，下摆部位为圆角设计，符合款式造型。

3）在前片设胸前装饰工字口袋，位置距离前胸宽线2cm，袋口宽13cm、高14cm。距腰围线（*WL*）下方8cm、距前中心线10.5cm处绘制有盖工字口袋，袋宽17cm、高20cm。

4）距原型前片腰围线（*WL*）以上10cm，做款式的撞色分割线设计。

4. 西装领

1）领子取前领围和后领围为领座长度。在前肩线位置上延伸出2cm得*A*点，以*SNP*为基础，绘制西装领造型，造型线至*B*点，连接*AB*点，作领翻折线，以该线为对称线，采用反射作图法绘制外套西装驳领。

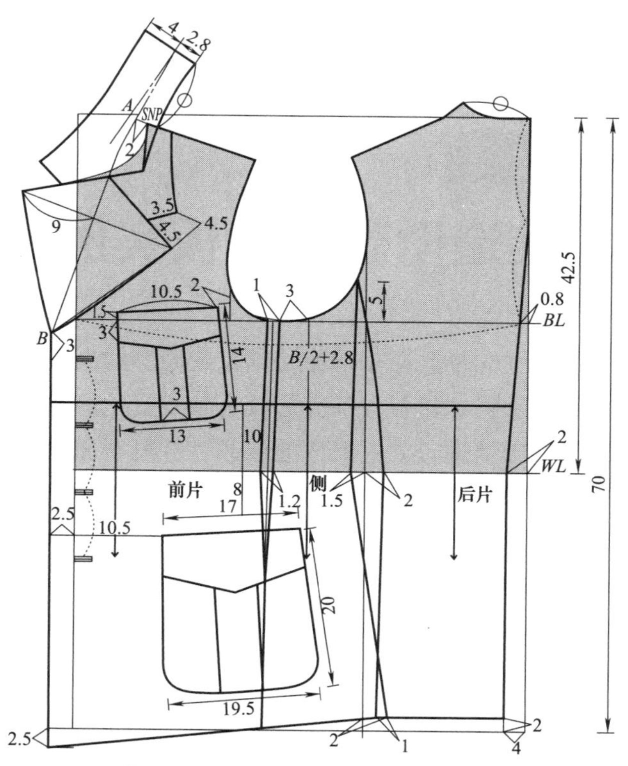

图5-52 男式西装变化款衣身制版

2）根据款式造型，该款西装驳头为直角造型，距对称线9cm。

5. 袖子

1）在前后衣片袖窿线基础上绘制两片袖。袖长为60cm。

2）根据袖对合点、背宽线和$AH/2-1$cm构成袖山外轮廓并绘制各主要部位辅助线。

3）在袖山辅助线的基础上寻求关键点，并将各关键点依次连接完成袖子原型结构制图。在大袖的基础上根据各个点进行偏移，获得小袖的造型。

4）画顺线条，完成袖口弧线。

5）开袖叉，长10cm、宽2.5cm。大袖上设袖扣3颗，距袖口边3cm，距袖缝线1.5cm。

6. 加粗轮廓线，标注布纹及样片名称。如图5-52和图5-53所示。

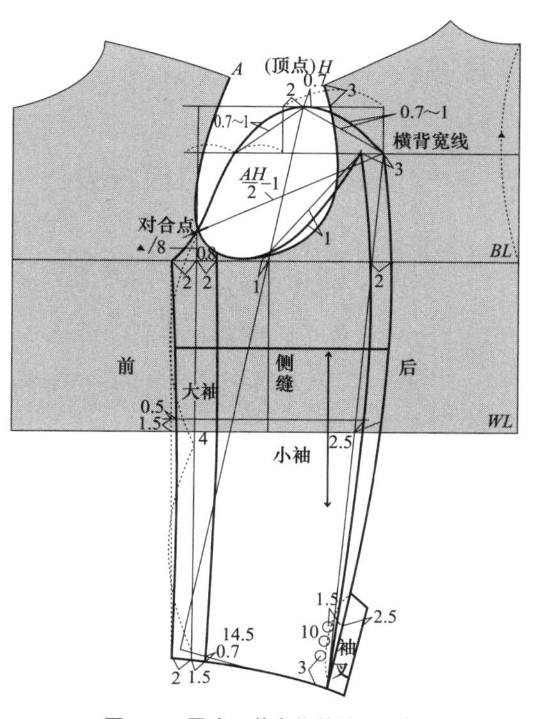

图5-53 男式西装变化款袖子制版

第六章

童装造型款式打板实例

本章的重点在于掌握基础童装原型的制版，以及在原型服装制版基础上，掌握女童连衣裙和男童衬衫与外套等具有款式变化的服装制版。基于原型制版，变化款式可在原型的基础上进行款式尺寸的修改，并可对原型进行修正，按制版原理对省道进行转移及合并、加放褶皱量等处理，满足服装款式的变化需求。

第一节 童装原型

儿童时期是人体体型变化最快的时期，由于身体不断长高，所以童装的尺寸数据也在不断变化，儿童各个时期的体型变化不尽相同，1~5岁为幼儿期，6~9岁为少儿期，10~12岁为青少年时期，12~16岁后逐渐接近于成人，童装上衣原型的制版随着儿童年龄的增长而进行尺寸变化，但童装从整体上来说，由于儿童比较好动，所以服装的宽松量要比较大，适合于他们活动，原型的放松量相对来讲比较科学，本节主要用这种方法来进行童装制版。

一、童装上衣原型打板方法

1. 整体框架做法

1）作水平腰围线（*WL*），长为*B*/2+7cm（松量），取背长作背长线。

2）在背长线上向下取*B*/4+0.5cm作袖窿深线（胸围线）。

童装上衣原型各部位名称如图6-1所示。

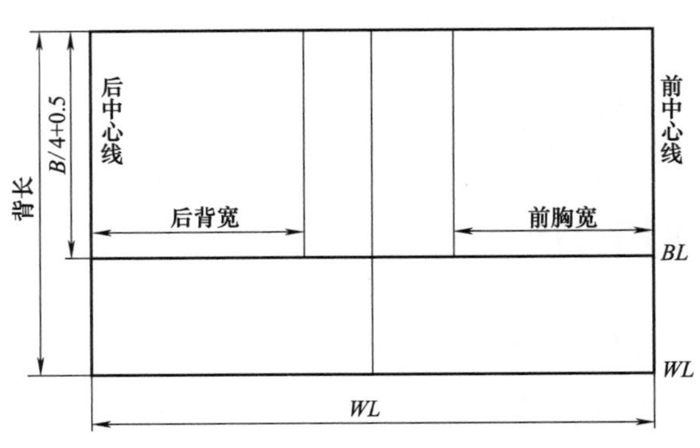

图6-1 童装上衣原型各部位名称

3）将腰围线（*WL*）两等分作为前后胸围半片尺寸，后背宽尺寸为（*B*/2+7cm）/3+1.5cm，前胸宽尺寸为（*B*/2+7cm）/3+0.7cm，童装上衣原型尺寸如图6-2所示。

2. 分片详细制作步骤

（1）后衣身

1）取$B/20+2.5$cm作为后领宽◎，取后领宽◎的1/3作为后领窝深，确定*SNP*。

2）在后背宽线上向下取◎/3确定后领深的位置，向外取◎/3–0.5cm确定肩点*S*点，连接*SNP*与*S*点作后肩线。

3）画顺后袖窿弧线，如图6-3所示。

◎=$B/20+2.5$cm

◎/ 3=后领窝深

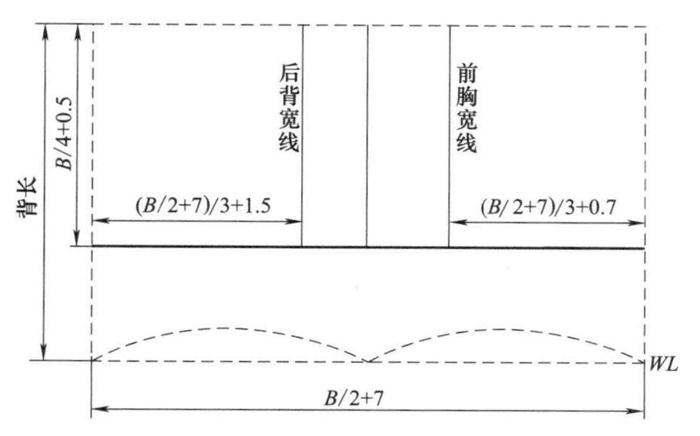

图6-2　童装上衣原型尺寸

（2）前衣身

1）取◎+0.5cm作为前领窝深，取◎作为前领宽。

2）在胸围线（*BL*）上取（$B/2+7$cm）/3+0.7cm作为前胸宽，在前胸宽线上取◎/3+1cm，连接*SNP*作前肩线，取前肩宽=后肩宽▲–1cm，画顺前袖窿弧线。

3）在腰围线（*WL*）下，作下放的前浮余量◎/3+0.5cm，如图6-4所示。

4）连接所有轮廓线，完成衣身制图，如图6-5所示。

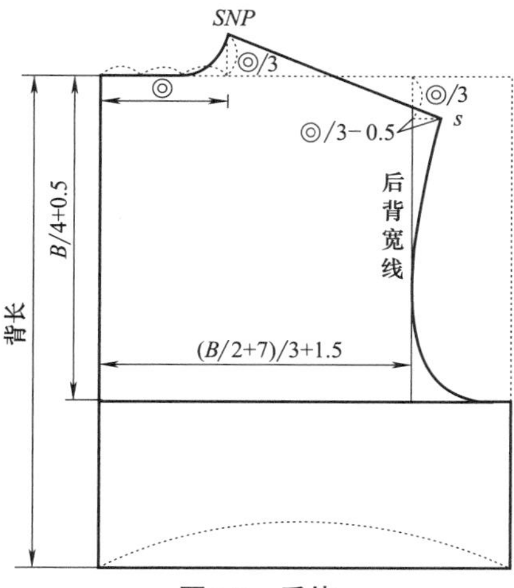

图6-3　后片

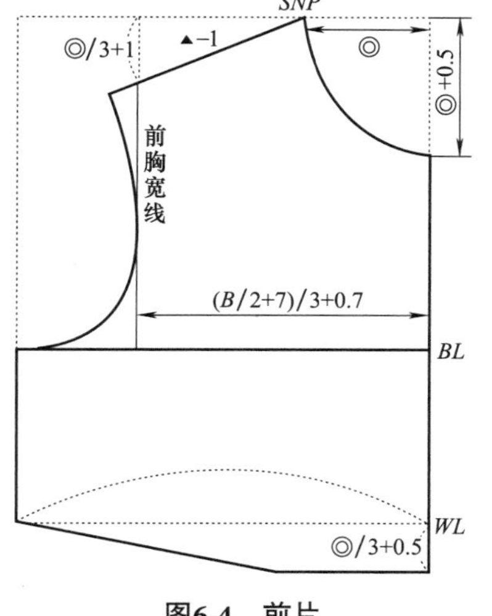

图6-4　前片

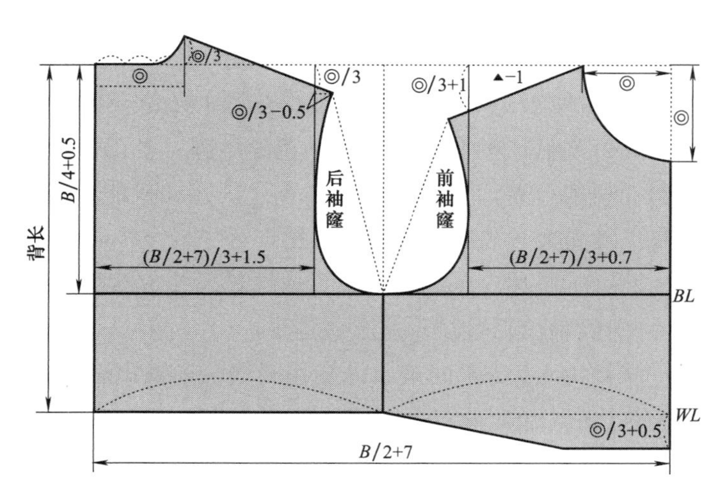

图6-5　童装前后片原型及尺寸公式

（3）袖子　袖子原型是袖子制图的基础，应用广泛的有一片袖，可配合服装种类与款式设计来使用。绘制袖子原型必需的尺寸为衣身原型中前袖窿尺寸、后袖窿尺寸与袖长尺寸。童装袖原型基础线和轮廓线的作图方法如图6-6所示。

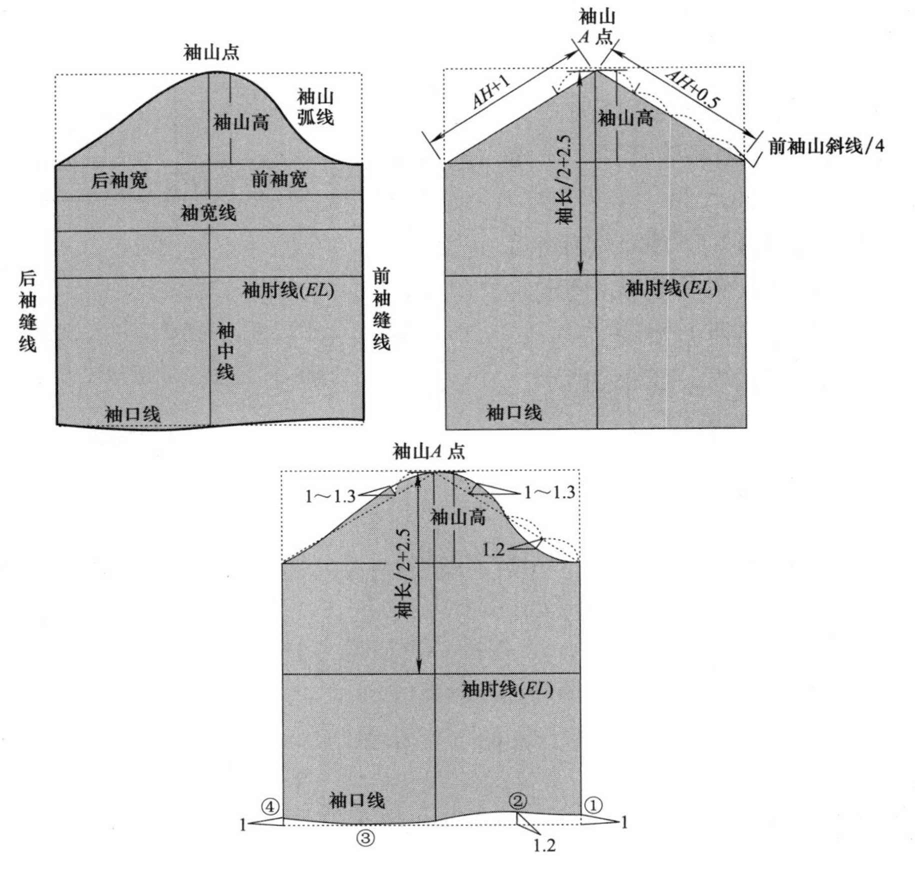

图6-6　袖原型各部位名称及制作尺寸

1）确定袖山高。根据儿童年龄的不同，袖山高采用不同的计算方法：

1~5岁取*AH*/4+1cm，6~9岁取*AH*/4+1.5cm，10~12岁取*AH*/4+2cm。同样的袖窿尺寸，袖山高度降低，袖肥变大，运动机能增强；袖山高度升高，袖肥尺寸变小，形状好看，但运动机能较差。由于幼儿需要充足的运动机能，所以袖山高度降低，随年龄的增长，袖窿尺寸变大，袖山高也相应增加。

2）作袖口线。从袖山*A*点量取袖长尺寸，然后作水平线。

3）确定袖肥尺寸，并作袖缝线。

从袖山*A*点分别向袖山深线作斜线，前袖山斜线长为前*AH*+0.5cm，后袖山斜线长为后*AH*+1cm，过此两点分别向袖口线作垂线。

4）作袖肘线（*EL*）。自袖山*A*点量取袖长/2+2.5cm，作水平线。

5）作袖山弧线。把前袖山斜线四等分，过上下1/4等分点的凸量和凹量分别为1~1.3cm和1.2cm；在后袖山斜线上，自*A*点量取1/4后袖山斜线的长度，外凸量为1~1.3cm。通过前袖宽点、前袖窿凹点、前袖山斜线1/2点、前袖窿凸点、*A*点、后韧窿凸点、后袖宽点作袖山弧线。

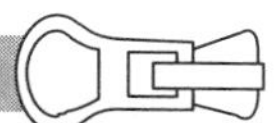

6）作袖口弧线。在前后袖缝线上，自袖口点分别向上量取1cm得到①点、④点，前袖口1/2处内凹1.2cm得到②点、③点，过这四个点作袖口弧线。

二、童装款式及比例尺寸

一般情况下，儿童的头部占总身高的20%，体高占总身高的80%。为儿童选择服装时，通常以体高为标准。童装衣长和体高关系对照见表6-1。

表6-1　童装衣长和体高关系对照

款式品种	衣长
童上衣	体高×50%
童夹克	体高×49%
童长裤	体高×75%
童大衣	体高×75%
连衣裙	体高×78%
童短裤	体高×3%

例如，身高为100cm的女童，体高为100cm的80%，约80cm。如连衣裙，衣长为体高的78%，即100cm×80%×78%=62.4cm。如衬衫，衣长为体高的50%，即40cm。当然这也要根据具体款式进行判断分析，并按款式进行比例分割。

第二节　女童连衣裙款式及变化款打板

A　女童连衣裙款式一

款式分析

此款女童连衣裙款式造型属无领无袖的连衣裙基本款型，在裙子款式设计上进行了上下分割的变化。此款式造型上结合了基础的A字形造型，在前袖窿线的造型上有所设计，结构上背后开拉链，方便穿着。款式时尚大方，且体现出孩子的活泼感，如图6-7所示。

图6-7　女童连衣裙变化款

制图尺寸

表6-2　女童连衣裙基础规格尺寸

（单位：cm）

适合年龄	身高	胸围	肩宽	领围	前腰节	裙长
8Y	120	61	30	31.5	28.5	58

详细制作步骤

1. 制作女童连衣裙原型（图6-8）

按尺寸数据取$B/2+7$cm（松量）作水平腰围线（WL），作裙长线。

2. 在原型基础上制作前后片款式（图6-9）

前片领口：从原型侧颈点沿前肩线向下量2.5cm为SNP，领口向上量1.5cm为FNP，连接前领口弧线。

前袖窿：从原型肩点向内量1.5cm，向上量1cm，定符合该款式的肩点SP；在原型袖窿深线上取（$B/2+7$cm）/3+0.7cm作为前胸宽，从原型前袖窿切线点向内收2cm，取袖窿切线点为A点；在原型侧缝点的基础上向上抬2cm，向内收1.5cm，取前袖窿侧缝点为B点。连接肩点SP、前袖窿切线点A与侧缝点B三点，成为前袖窿弧线。

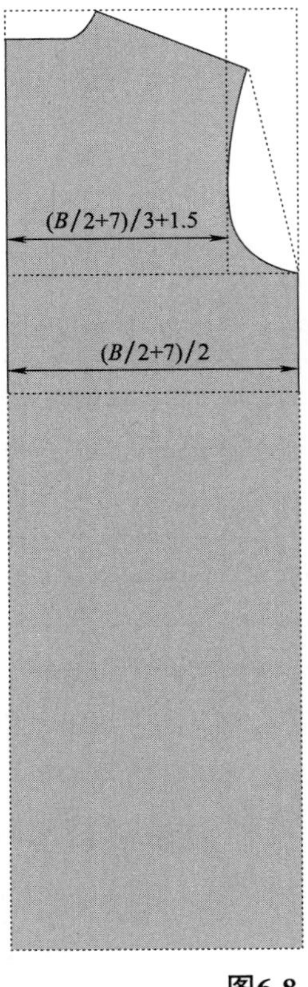

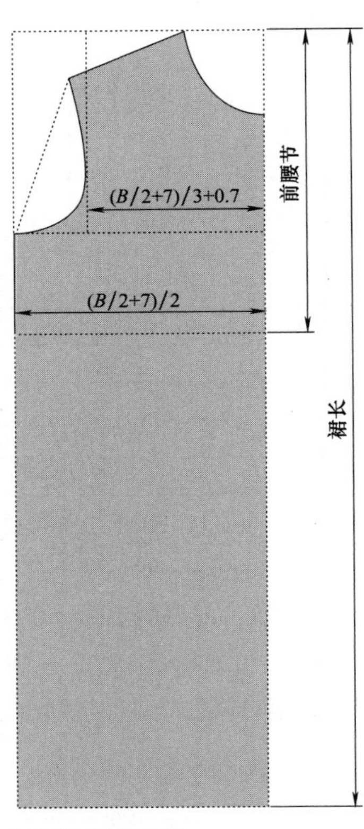

图6-8　女童连衣裙原型

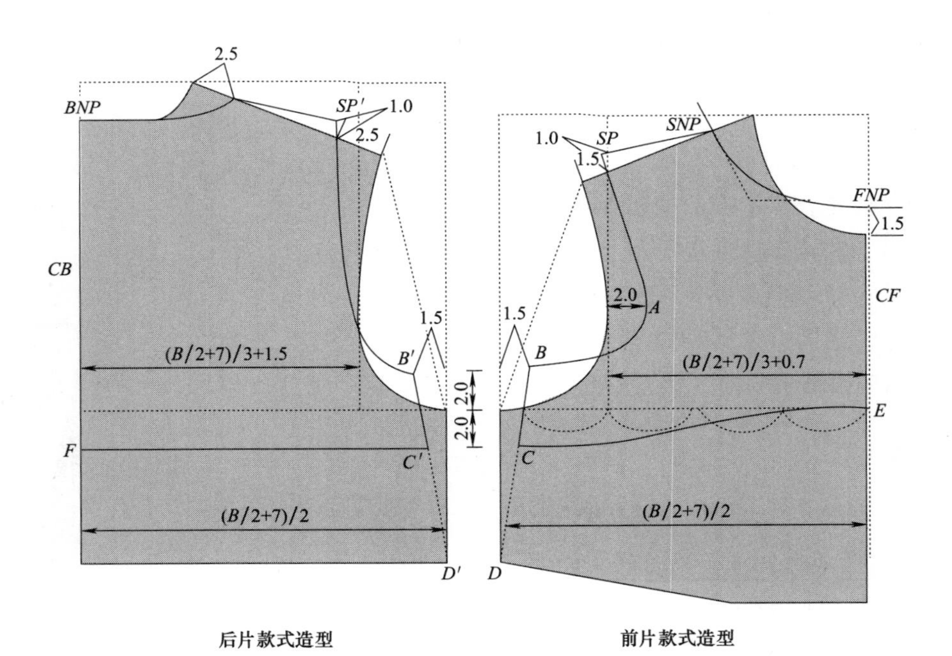

图6-9　前后片款式制图

前分割弧线：前片有拼色设计，以分割弧线为装饰。连接*B*点与原型侧缝点*D*点，得到斜线，在该斜线上从原型的胸围线（*BL*）向下量2cm得侧缝点*C*，前中心线与*BL*相交点为E点，连接*CE*点，将线*CE*等分为4份，修饰成弧形线，形成前片分割弧线。

后片领口：从*SNP*沿后肩线向下量2.5cm，连接原型后片领口中心点*BNP*，形成后领口弧线。

后袖窿：从原型肩点向内量2.5cm，向上抬高1cm，定符合该款式的肩点*SP*，在原型侧缝点的基础上向上抬2cm，向内收1.5cm，取后袖窿侧缝点为*B′*，连接肩点*SP′*与*B′*点，画顺弧线，作为后袖窿弧线。

后分割弧线：后片有拼色设计，以直线分割为主。连接*B′*点与原型侧缝点*D′*点，得到斜线，在该斜线上从原型的胸围线（*BL*）向下量2cm得侧缝点*C′*，通过*C′*点作水平线与后中心线交于*F*点，形成后片拼色分割线。

3. 制作前后裙片款式，完成该款童装连衣裙（图6-10）

在连衣裙前片底边线上沿侧缝线延伸出8cm，向上抬高1cm，作为裙前片底边侧缝点*G*，连接它与前中心线点*H*，绘制成前片底边弧形线。在连衣裙后片底边线上沿侧缝线延伸出7cm，向上抬高1cm，作为裙后片底边侧缝点*G′*，连接它与后中心线点*I*，绘制成后片底边弧形线。修整前后侧缝线基本相等便于缝制，连接各点形成裙片。

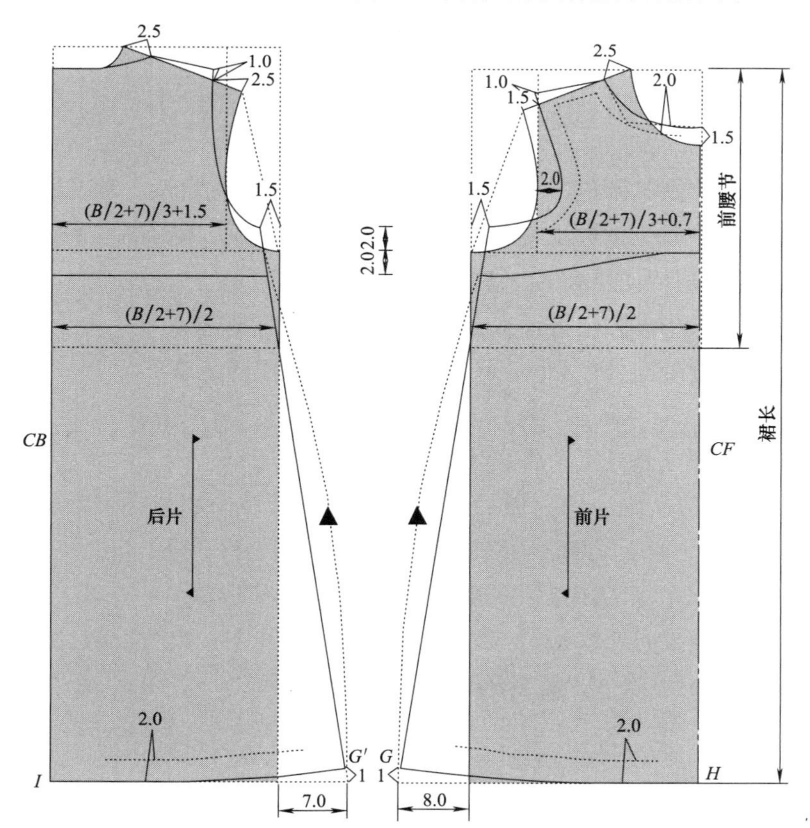

图6-10 前后裙片线条造型

B 女童连衣裙款式二

款式分析

此款连衣裙款式简单基本，属休闲款式，有分割装饰，下摆加量方便儿童活动，使小孩显得可爱，如图6-11所示。

图6-11 女童连衣裙变化款

制图尺寸

表6-3 女童连衣裙基础规格尺寸

（单位：cm）

适合年龄	身高	胸围	肩宽
8Y	120	68	26
领围	腰围	腰节长	裙长
31.5	61	28	58

详细制作步骤

1. 前衣身

1）前片在衣身原型基础上，将裙长设为58cm。童装讲究自然，款式以宽松为主。

2）前领点在原型基础上向上移1.5cm，以前领点为基础，沿前中心线向下6cm，作款式分割线。侧颈点沿肩线向下4cm，修顺前领弧线。

3）前片在袖窿线中点的位置插入3cm松量，形成细褶造型。

4）在下摆线侧缝处向外放4cm，起翘2cm，做出裙摆的造型。

2. 后衣身

1）后片在衣身原型基础上，将裙长设为58cm。

2）后领点与原型基础一致，以后领点为基础，沿后中心线向下8cm，作款式分割线。侧颈点沿肩线向下4cm，修顺后领弧线，并保持前后肩长一致。

3）后片在袖窿线中点的位置插入3cm松量，形成细褶造型。

4）在下摆线侧缝处向外放4cm，起翘2cm，做出裙摆的造型，前后片侧缝线长相等。

3. 加粗轮廓线，标注布纹及样片名称。如图6-12所示。

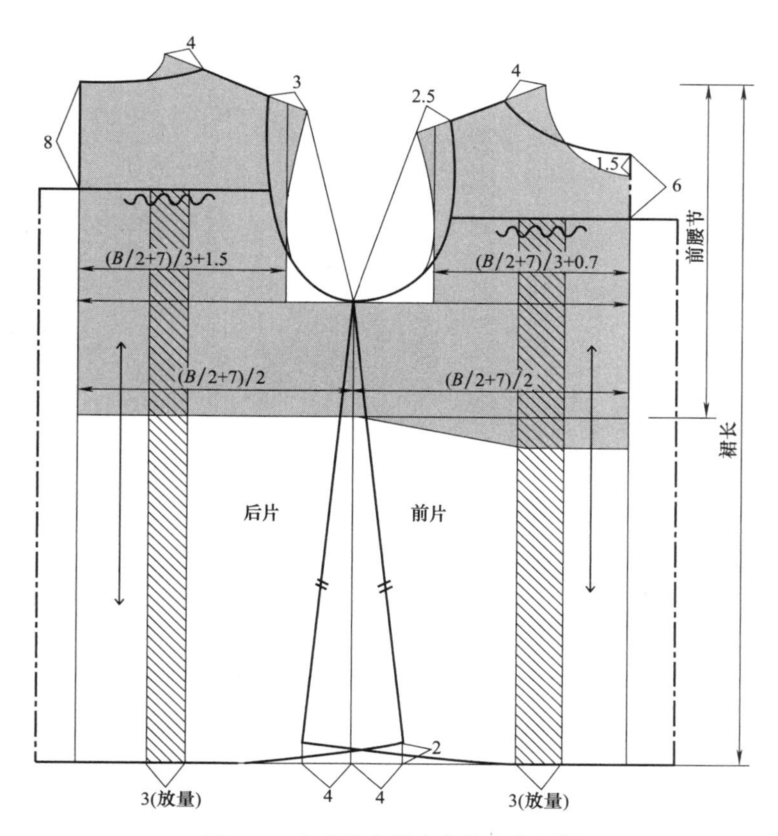

图6-12　女童连衣裙变化款衣身制版

C　女童连衣裙款式三

款 式 分 析

此款连衣裙属小礼服型，简单美观，衣身合体，无袖。下摆处有装饰边，体现儿童的可爱及中式的设计风格，如图6-13所示。

图6-13　连衣裙变化款3

制 图 尺 寸

表6-4　女童连衣裙基础规格尺寸

（单位：cm）

适合年龄	身高	胸围	肩宽
6Y	110	66	25
领围	腰围	腰节长	裙长
30	60	25	58

详细制作步骤

1. 前衣身

1）前片在衣身原型基础上，将裙长设为58cm。

2）前肩点在原型基础上沿肩线向上收2.5cm，修顺前袖窿弧线。

2. 后衣身

1）后片在衣身原型基础上，将裙长设为58cm。

2）后肩点在原型基础上沿肩线向上收3cm，修顺后袖窿弧线。

3.下摆装饰

1）按前后片下摆长，设定下摆装饰边长度，宽为6cm，在前片距侧缝线6cm位置为装饰边接口，叠合2cm。

2）将装饰边进行等分，并在等分处剪开加入2cm放量，使下摆产生波浪效果。

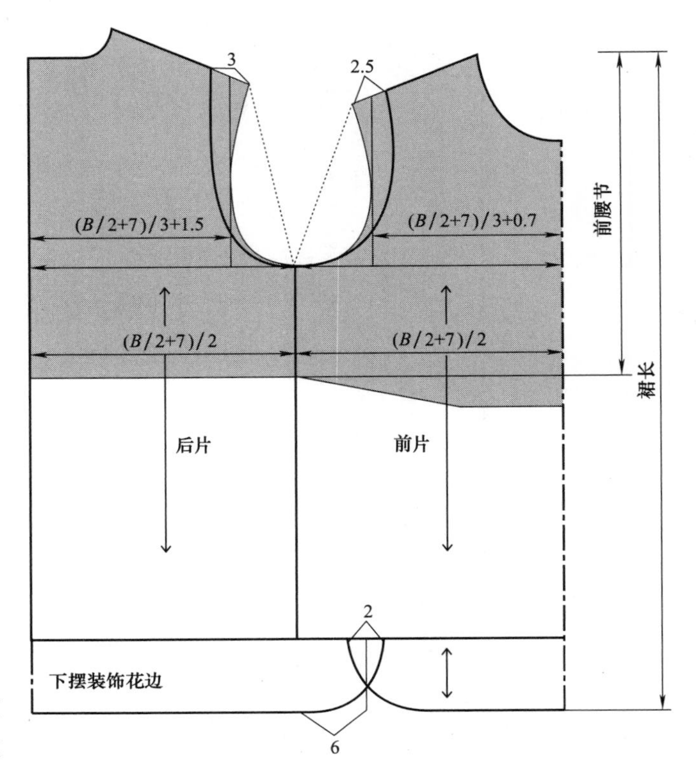

图6-14　女童连衣裙变化款衣身制版

4. 加粗轮廓线，标注布纹及样片名称。如图6-14和图6-15所示。

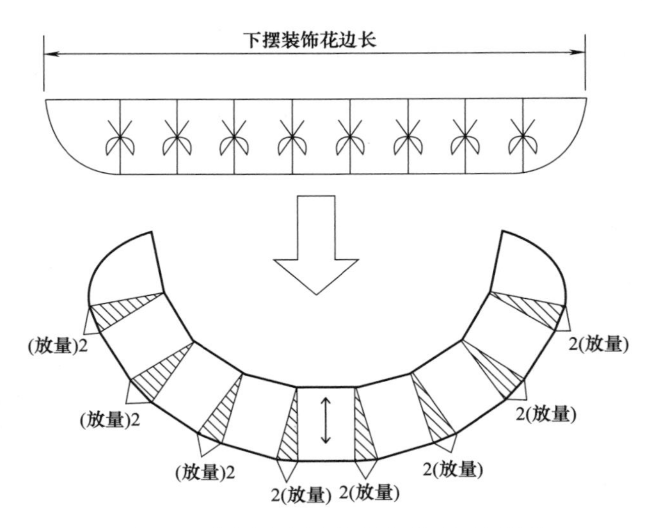

图6-15　女童连衣裙变化款下摆装饰制版

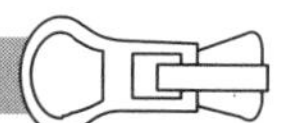

D　女童连衣裙款式四

款式分析

此款连衣裙属小礼服型，衣身不对称，斜肩款式，无袖有装饰花，体现着装儿童的可爱俏皮，如图6-16所示。

图6-16　女童连衣裙变化款

制图尺寸

表6-5　女童连衣裙基础规格尺寸

（单位：cm）

适合年龄	身高	胸围	肩宽
6Y	110	66	25
领围	腰围	腰节长	裙长
30	60	25	55

详细制作步骤

1. 前衣身

1）前片在衣身原型基础上，将裙长设为55cm。童装讲究自然，款式以宽松为主。

2）前侧颈*A*点在原型基础上沿肩线向内收3cm，前胸围线（*BL*）在原型基础上向上2cm，确定*B*点，连接*AB*点，作前片造型弧线，修顺前片领弧线。左肩用4cm肩带来固定穿着。形成前片不对称款式效果。在前侧缝距前胸围线（*BL*）以下8cm，作款式分割线，形成上衣身下裙装两片。

3）前片裙装下摆线在侧缝处向外放8cm松量，做出裙摆的造型。裙下摆半圆形装饰花边宽为6cm。

4）将前片裙装腰围线（*WL*）三等分，沿等分处加入松量，形成细褶造型。

2. 后衣身

1）后片在衣身原型基础上，将裙长设为55cm。

2）后侧颈*A*点在原型基础上沿肩线向内收3cm，后片胸围线（*BL*）在原型基础上向上2cm，确定*B*点，连接*AB*点，作后片造型弧线，修顺后片领弧线。保证后右肩肩线与前肩线一致，左肩用4cm肩带来固定穿着。形成后片不对称款式效果。在后侧缝距后胸围线（*BL*）以下8cm，作款式分割线，形成上衣身下裙装两片。

3）后片裙装下摆线在侧缝处向外放8cm松量，做出裙摆的造型。裙下摆半圆形装饰花边宽为6cm。

4）将后片裙装腰围线（*WL*）三等分，沿等分处加入松量，形成细褶造型。

3. 加粗轮廓线，标注布纹及样片名称。如图6-17和图6-18所示。

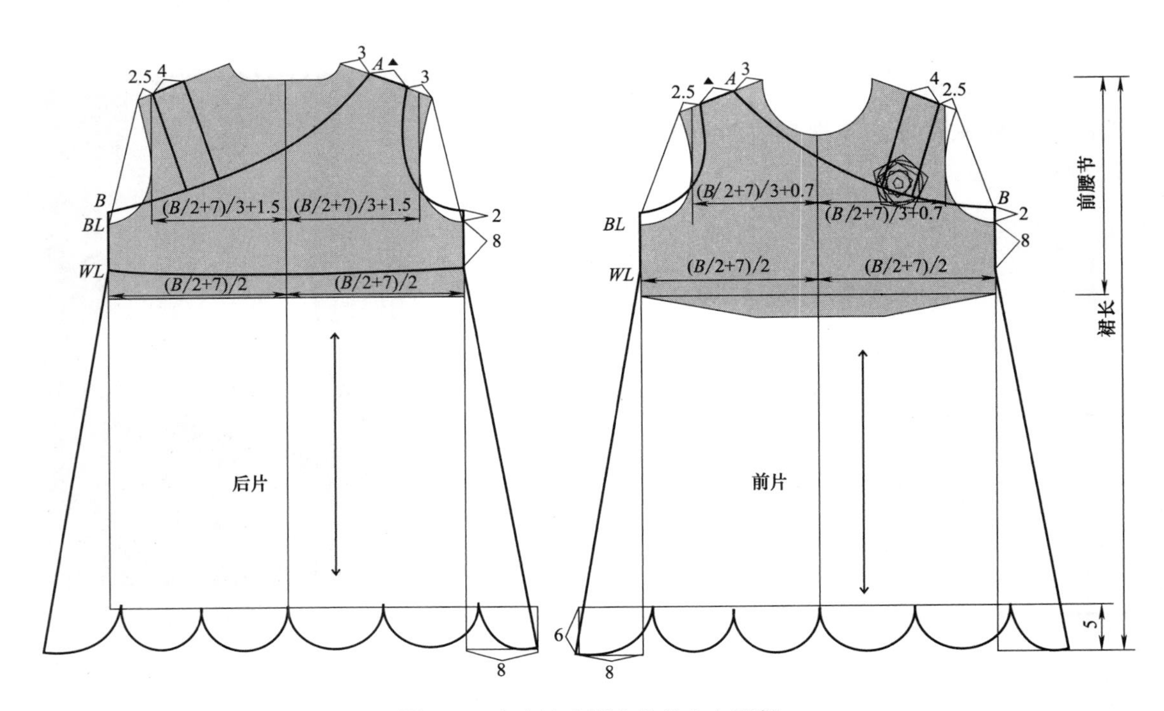

图6-17　女童连衣裙变化款衣身制版

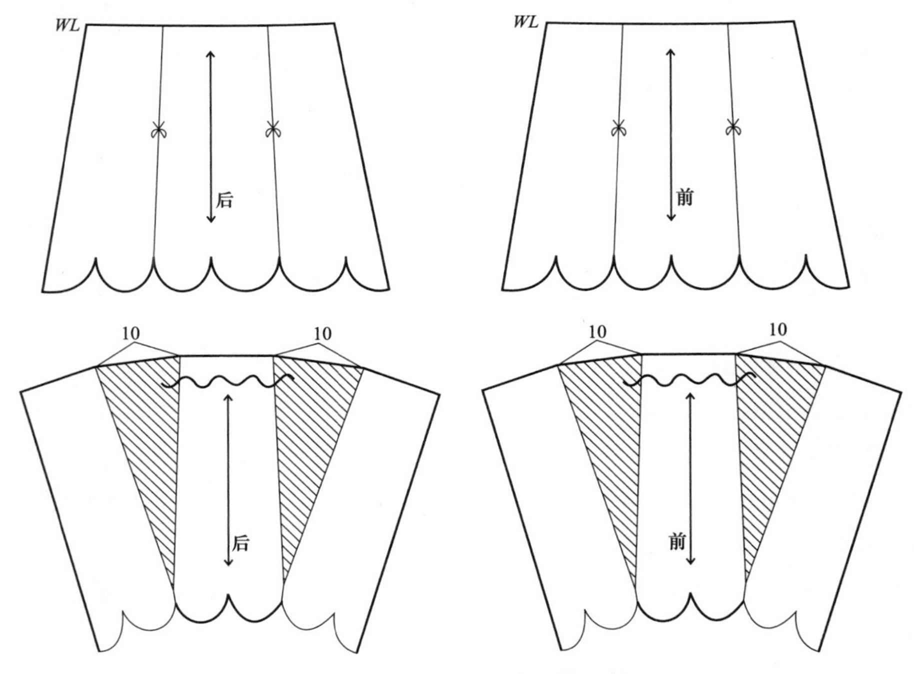

图6-18　女童连衣裙变化款制版

E　女童连衣裙款式五

款式分析

此款女童连身裙款式造型是在原型基础上进行了装饰口袋的添加，在裙身上也增加了褶裥。褶裥裙造型仍旧能体现出A字形造型。前开扣的结构设计，方便儿童的穿脱。款式大方得体，适合女孩夏季穿着，如图6-19所示。

图6-19　女童连衣裙变化款

制图尺寸

表6-6　女童连衣裙基础规格尺寸

（单位：cm）

适合年龄	身高	胸围	肩宽
6Y	110	66	25
领围	腰围	腰节长	裙长
30	60	25	55

打版制图

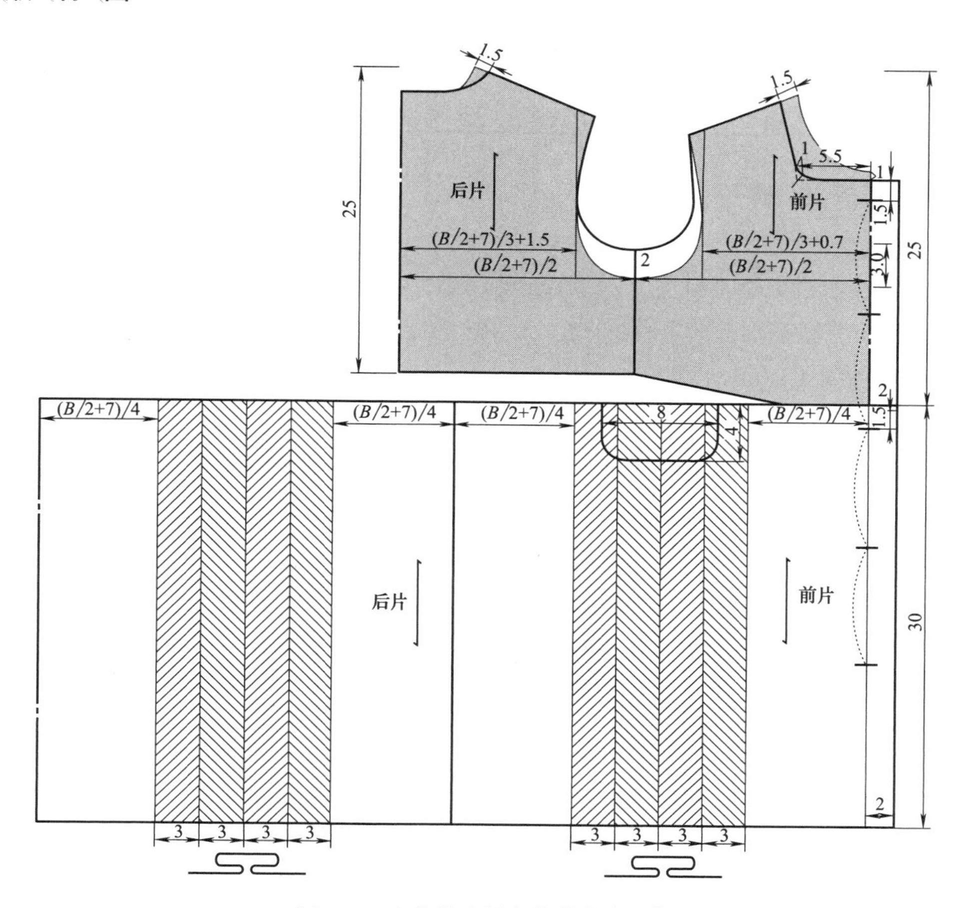

图6-20　女童连衣裙变化款衣身制版

第三节 男童上装款式及变化款打板

A 男童衬衫款式

款式分析

此款男童上装衬衫，在基本款基础上进行了肩部复式上的设计处理，着装后显现出小男孩的帅气，休闲自然，如图6-21所示。

图6-21 男童衬衫

制图尺寸

表6-7 男童衬衫基础规格尺寸

（单位：cm）

适合年龄	衣长	胸围	肩宽	领围	腰围	背长	袖长	袖口
5Y	43	76	32	31.5	76	28.5	37	18

详细制作步骤

1. 前衣身

1）前片在衣身原型基础上，加上1cm前门襟，将衣长设为43cm，作下摆线。

2）*FNP*在原型基础上向下移0.5cm，*SNP*按肩线向下1cm，修顺前领弧线。

3）在腰围线（*WL*）上侧缝处向内收1cm。

2. 后衣身

1）考虑此款为休闲衬衫的款式，在衣身原型基础上，将衣长设为43cm。侧缝处向内收1cm。

2）*BNP*、*SNP*基本与原型一致，修顺后领弧线。

3. 袖子

1）袖口部位在原型袖子上往外加2cm，并加入3cm的褶裥量。

2）绘制袖克夫，长度与袖口一致，宽度为5cm。

4. 加粗轮廓线，标注布纹及样片名称。如图6-22所示。

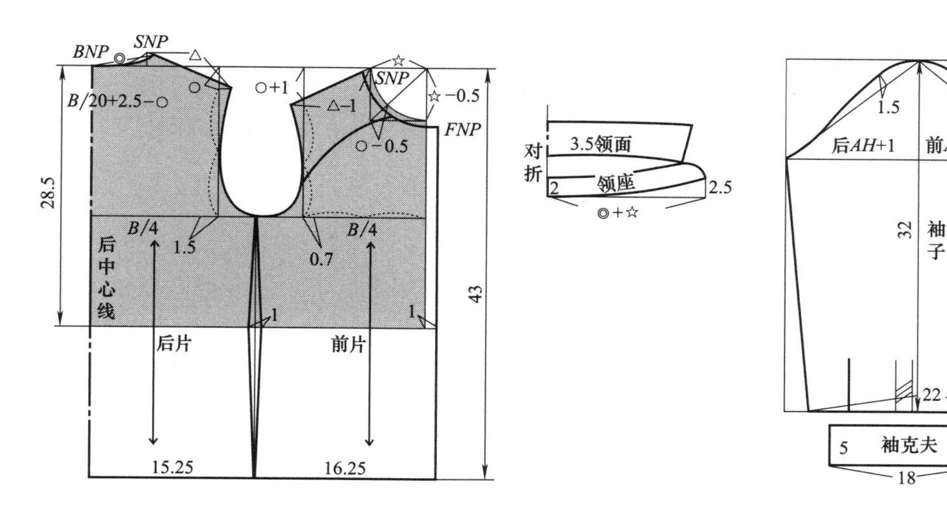

图6-22　男童衬衫制版

B　男童外套款式

款 式 分 析

此款男童上装外套，在基本款基础上进行了门襟位置的设计处理，着装后显现出小男孩的帅气，休闲自然，如图6-23所示。

图6-23　男童外套

制 图 尺 寸

表6-8　男童外套基础规格尺寸　（单位：cm）

适合年龄	衣长	胸围	肩宽	领围	腰围	背长	袖长	袖口
5Y	43	76	32	31.5	76	28.5	37	22

1. 前衣身

1）前片在衣身原型基础上，加上1.5cm前门襟，将衣长设为43cm，作下摆线。

2）*FNP*在原型基础上向下移0.5cm，*SNP*按肩线向下1cm，修顺前领弧线。并做驳领效果。

3）在腰围线（*WL*）上侧缝处向外放1cm。

4）绘制口袋版。

2. 后衣身

1）考虑此款为休闲西服的款式，在衣身原型基础上，将衣长设为43cm。侧缝处向外放1.5cm。

2）*BNP*、*SNP*基本与原型一致，修顺后领弧线。

3. 袖子

袖口部位在原型袖子上往内收2cm，长度为37cm。

4. 加粗轮廓线，标注布纹及样片名称。如图6-24所示。

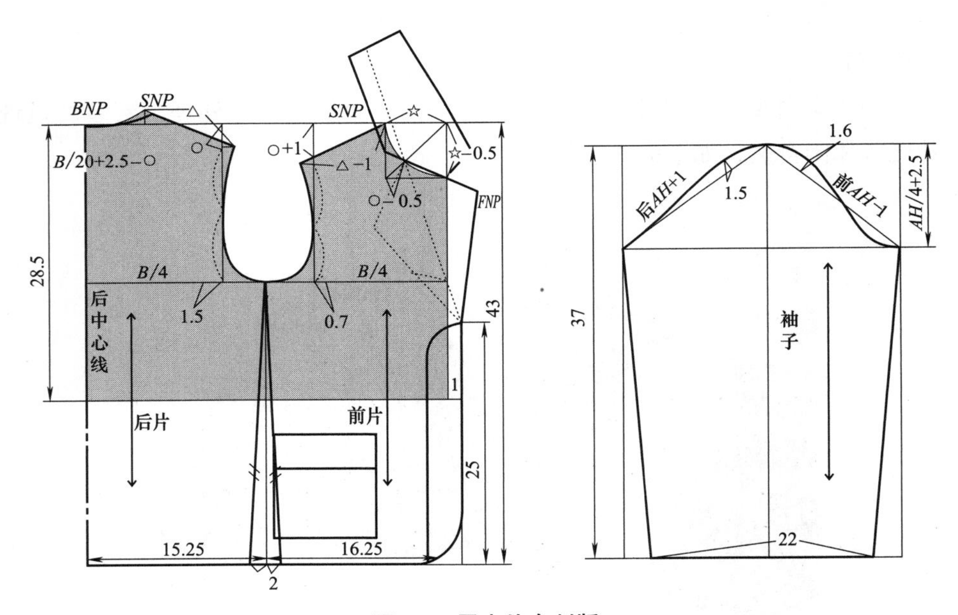

图6-24 男童外套制版

第四部分

服装工业样板的应用及推板

第七章

服装工业样板与推板的原理及应用

本章的重点在于说明工业制版中服装规格系列尺寸的制定，并介绍服装推档的档差设定方法，掌握服装推档的主要方法和原理应用，如直筒裙、男衬衫等款式的推档实例分析。

第一节　服装工业样板的概念及作用

一、服装工业样板的概念

服装工业样板是指一整套从小号型到大号型的系列化样板。它是服装工业生产中的主要技术依据，是排料、画样以及缝制、检验的标准模具、标样和型板。服装样板又分为净样板和毛样板。

现代的服装工业化生产是以流水化作业的方式完成，服装各基本衣片和辅料都经过预先确定的工序、处理加工、最终做出成衣的方式，称为服装工业生产，而工业生产所使用的样板，即为服装工业样板。

单件裁剪是满足单人的服装造型要求，对象是单独的个体。而服装工业纸样研究的对象是大众化的人，具有普遍性。单件裁剪的工作方式是通过制版人绘制出纸样后，直接裁剪、假缝、修正，最后缝制出成品；但成衣化工业生产是由许多部门共同完成的，这就要求服装工业样板详细、准确、规范，便于企业部门和生产环节之间的沟通。

质量上，服装工业纸样应严格按照规格标准、工艺要求进行设计和制作，裁剪纸样上必须标有纸样绘制符号和纸样生产符号，有些还要在工艺单中详细说明。服装工艺纸样上有时标记上胸袋和扣眼等的位置，这些都要求裁剪和缝制车间完全按纸样进行生产，才能保证同一尺寸的服装规格如一。

二、服装工业样板的作用

服装工业样板需便于企业部门和生产环节之间甚至企业和企业之间的沟通，所以服装的生产要求有统一的尺寸来进行系列规范。规范的服装系列尺寸离不开档差，这种有规律的尺寸系列差异能形成同款不同型号的服装工业化生产。服装推档是服装系列工业

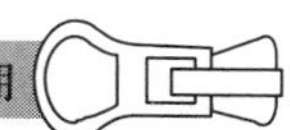

样板形成的基础，服装生产企业基本的技术要求，也是整个生产工序过程中最重要的技术环节之一。

1. 标准版型

母版(标准版)是指推板时所用的标准版型，是根据款式要求进行正确的、剪好的结构设计纸板，并已使用该样板进行了实际的放缩板，产生了系列样板。所有的推板规格都要以母版为标准进行规范放缩。为了满足不同体型消费者的需求，现代服装工业化大生产要求同一种款式的服装要有多种规格，因此服装制造商需按国家尺寸标准制定服装产品的规格及尺寸系列，这种以标准母版为基准，兼顾各个号型，按一定标准进行科学的计算、缩放、制订出系列号型样板即为服装推板，这种按规格系列尺寸推档的方法，也称为服装纸样放缩。

2. 推板方法

服装推板又分为整体推板和局部推板。

整体推板：整体推板又称为规则推板，是指将结构内容全部进行缩放，也就是每个部位都要随着号型的变化而缩放。

局部推板：局部推板又称为不规则推板，是指某一款式在推板时只推某个或几个部位，而不进行全方位缩放的一种方法。

第二节　服装推板原理及应用

一、服装推板的档差、档距确定

在每一套规格系列中，所有部位的规格尺寸都是同一部位均衡地递减或递增，其档差、档距都相等。服装成品规格的档差可按国家号型标准确定，国家号型标准规定男女A型体的部分号型同步配置档差确定（表7-1和表7-2）。

表7-1　男性A型体 主要部位号型同步配置的档差　　（单位：cm）

	165／84A（S）	170／88A（M）	175／92A（L）	档差（△）
身高	165	170	175	5
颈椎点高	141	145	149	4
全臂长	54.0	55.5	57.0	1.5
腰围高	99.5	102.5	105.5	3
胸围	84	88	92	4
颈围	35.8	36.8	37.8	1
总肩宽	42.4	43.6	44.8	1.2
腰围	70	74	78	4
臀围	86.8	90	93.2	0.8△W=3.2

表7-2　女性A型体 主要部位号型同步配置的档差　　（单位：cm）

	155 / 80A（S）	160 / 84A（M）	165 / 88A（L）	档差（△）
身高	155	160	165	5
颈椎高点	132	136	140	4
全臂长	49.0	50.5	52.0	1.5
腰围高	95.0	98.0	101.0	3
胸围	80	84	88	4
颈围	32.8	33.6	34.4	0.8
总肩宽	38.4	39.4	40.4	1.0
腰围	64	68	72	4
臀围	86.4	90	93.6	0.9△*W*=3.6

在服装工业纸样设计中，国家标准号型系列的档差值可作为放码的理论依据加以应用和参考，在生产实际中，可根据不同服装款式的特点，灵活应用部分档差。

随着我国市场经济的深入和加入WTO以后外销服装日益增多，在确定成品规格尺寸档差时，必须充分考虑不同国家、不同地区、不同客户、不同款式的特点。当客户提出所需的成品规格尺寸档差时，首先应尽量满足客户的要求，但同时要分析其要求是否合理，与国家标准、企业标准是否矛盾，进行放码后是否会影响款式特点和穿着要求。

二、服装推板的原理

1. 推板数据原理

依据坐标的基准进行推放，如正方形*ABCD*的边长为5cm ，将正方形*ABCD*放大为边长为6cm的正方形*A′ B′ C′ D′*，试确定最佳坐标轴的位置，如图7-1~图7-4所示。

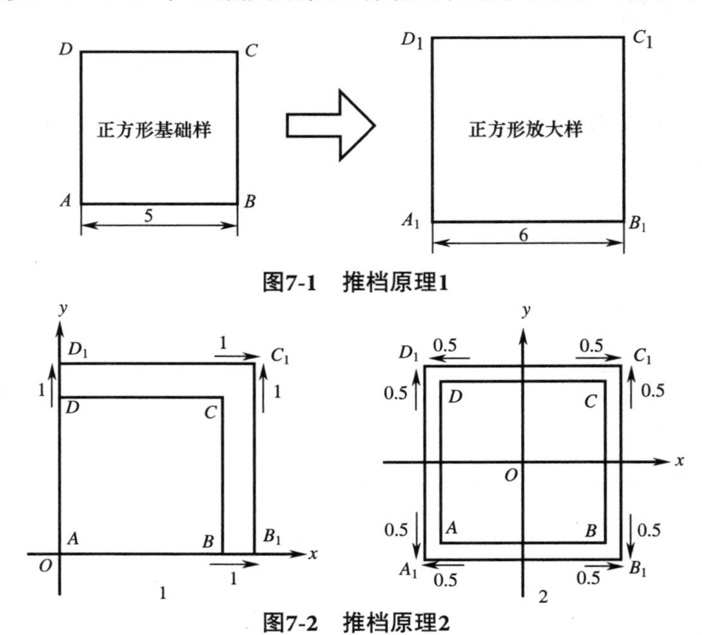

图7-1　推档原理1

图7-2　推档原理2

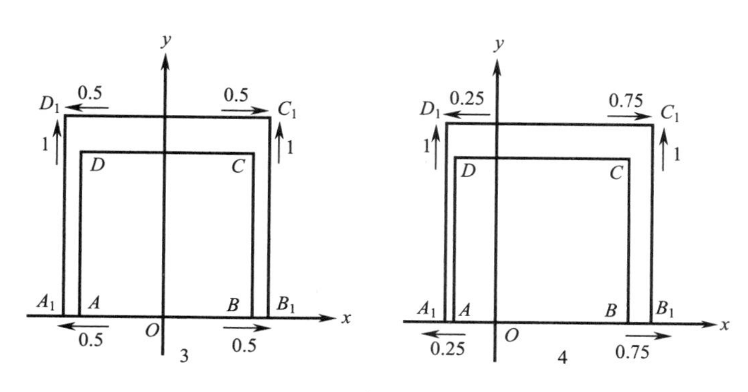

图7-3 推档原理3

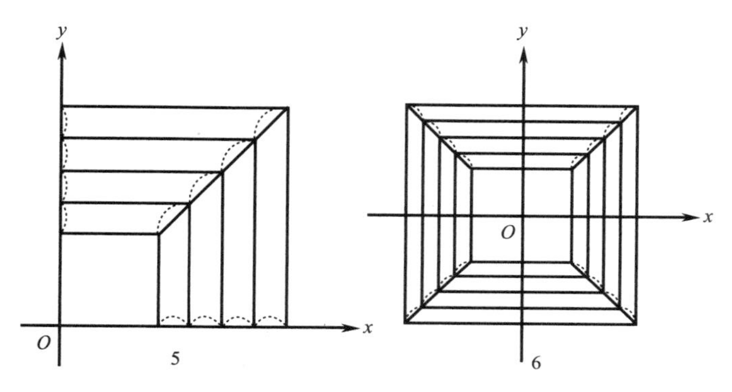

图7-4 推档原理4

2. 服装样板推板常用的方法

（1）推放法的操作方法 先确定基准样板，然后按档差，在领口、肩部、袖窿、侧缝、底边等进行上下左右移动，可扩大或缩小，直接用硬纸板或软纸完成推档样板，这种推档方法需要较高的技能。

（2）制图法的操作方法 先确定基准样板，标出基准坐标的位置，根据档差运用数学方法，计算各放码点的差值，连接各放码点，形成推档样板。

制图法又分为档差法、等分法和射线法三种方法。

档差法是以标准样板为基准，先推放出相邻的一个规格，剪下并与标准样板进行核对，在完全正确的情况下，再以该样板为基准，放出更大一号的规格，以此类推。对缩小的规格亦采用同样的方法，如图7-5所示。

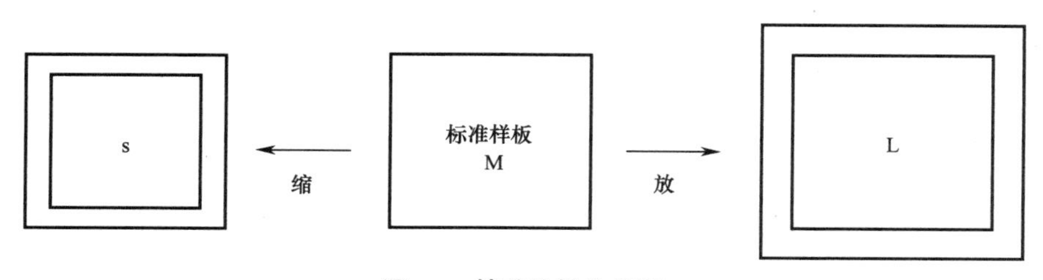

图7-5 档差法操作原理

等分法是将最大规格与最小规格的样板特征点相连，然后等分获得每档样板。当档数是奇数时，可直接将最大档与最小档选为基础档；当档数为偶数时，应加设一个最大档为过渡档，再选最大档与最小档为基础档，进行等分推档，如图7-6所示。

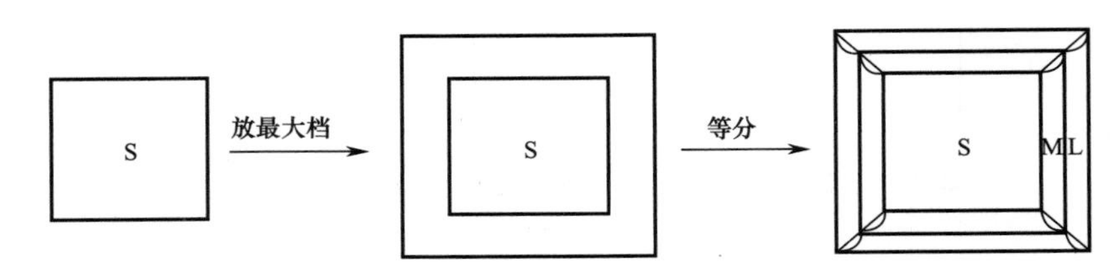

图7-6　等分法操作原理

射线法是以标准样板为基型，确定一个坐标中心点，以此中心点为基准，向标准样板的各个结构部位点引出射线。然后运用等分法来推画出全套规格系列样板，如图7-7所示。

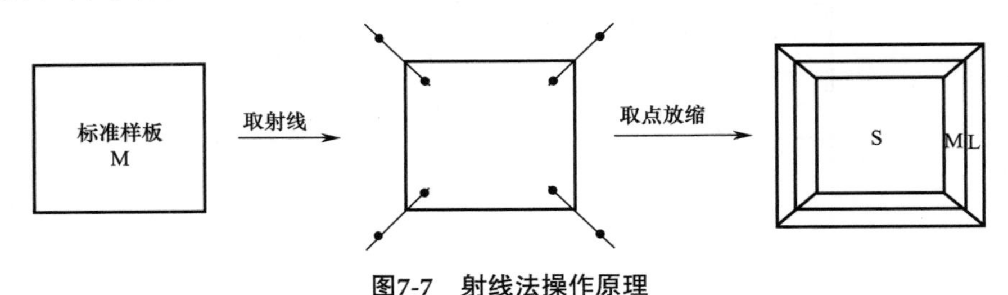

图7-7　射线法操作原理

3.计算机推板方法

计算机制版则是人直接与计算机进行交流，它依靠计算机界面上提供的各种模拟工具在绘图区制出需要的纸样，由于是模仿人工制版法，所以采用的方法也是比例法和原型法。计算机推档分为点的推档和线的推档。

点的推档是计算机推档的基本方式，其基本原理是：在基本码样板上选取决定样板造型的关键点作为放码点，根据档差，在放码点上分别给出不同号型的x和y方向的增减量，即围度方向和长度方向的变化量，构成新的坐标点，根据基本样板轮廓造型，连接这些新的点就构成不同号型的样板。一般CAD系统都提供了多种检查工具，可以从多个角度检查样板的放缩，大大提高了放码精度。

线的推档是在纸样放大或缩小的位置引入恰当合理的切开线（如水平、竖直和倾斜线），对纸样进行假想的切割，并在这个位置输入一定的切开量，根据档差计算得到的分配数，得到推挡样板。

三、服装推板的操作步骤

1）确定基准线及坐标轴位置。

2）确定放码点。

3）确定放码量。

4）截取各规格的放码点。

5）连接各规格的放码点。

6）卸板。

7）检验与标注。

四、服装推板的应用实例

1. 直筒裙（表7-3）

表7-3 直筒裙部位档差表 （单位：cm）

	155 / 80A（S）	160 / 84A（M）	165 / 88A（L）	档差（△）
裙长（*SL*）	58	60	62	2
腰围（*W*）	66	70	74	4
臀围（*H*）	90.4	94	97.6	3.6

直筒裙推档前片以裙片前中心线和臀围线（*HL*）的交点*O*点为基准点，后片以裙片后中心线和臀围线（*HL*）的交点*O*点为基准点，进行推放版型，如图7-8所示。

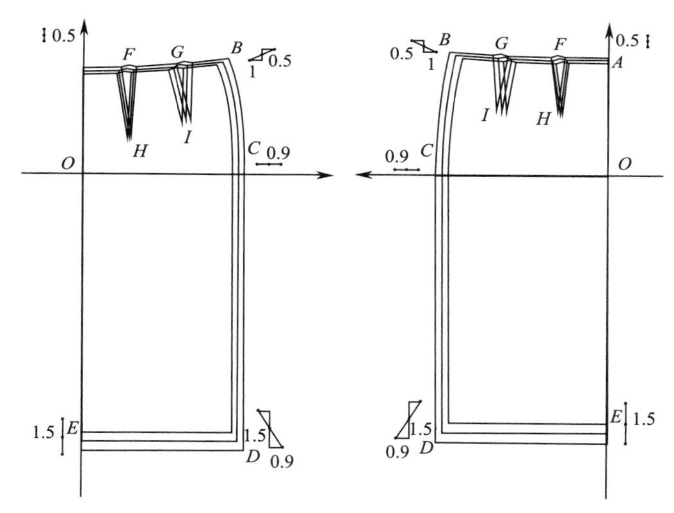

图7-8 直筒裙推板

2. 男衬衫（表7-4）

表7-4 男衬衫部位档差表 （单位：cm）

	165/88A（S）	170/92A（M）	175/96A（L）	档差（Δ）
衣长（*L*）	73	75	77	2
胸围（*B*）	110	114	118	4
领围（*N*）	40	41	42	1
肩宽（*S*）	45.3	46.5	47.7	1.2
背长（*BWL*）	43.5	44.5	45.5	1
袖长（*SL*）	57.5	59	60.5	1.5
袖口（*CW*）	11.5	12	12.5	0.5

男衬衫衣片推档前片以前中心线和胸围线（*BL*）的交点*O*点为基准点，后片以后中心线和胸围线（*BL*）的交点*O*点为基准点，进行推放版型，如图7-9所示。

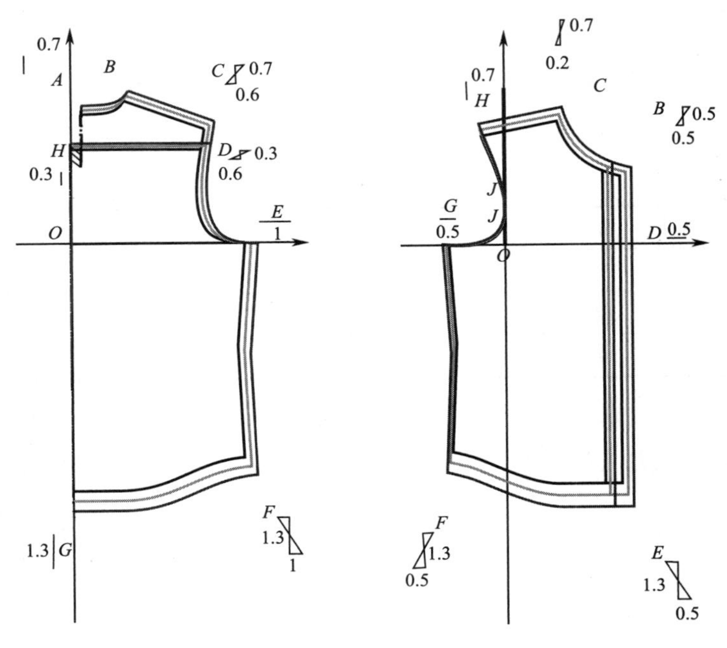

图7-9　男衬衫推板

袖片以袖中心线和袖肥线的交点为基准点。袖片推板如图7-10所示。

领片以后中心线为基准线。领面推板如图7-11所示。

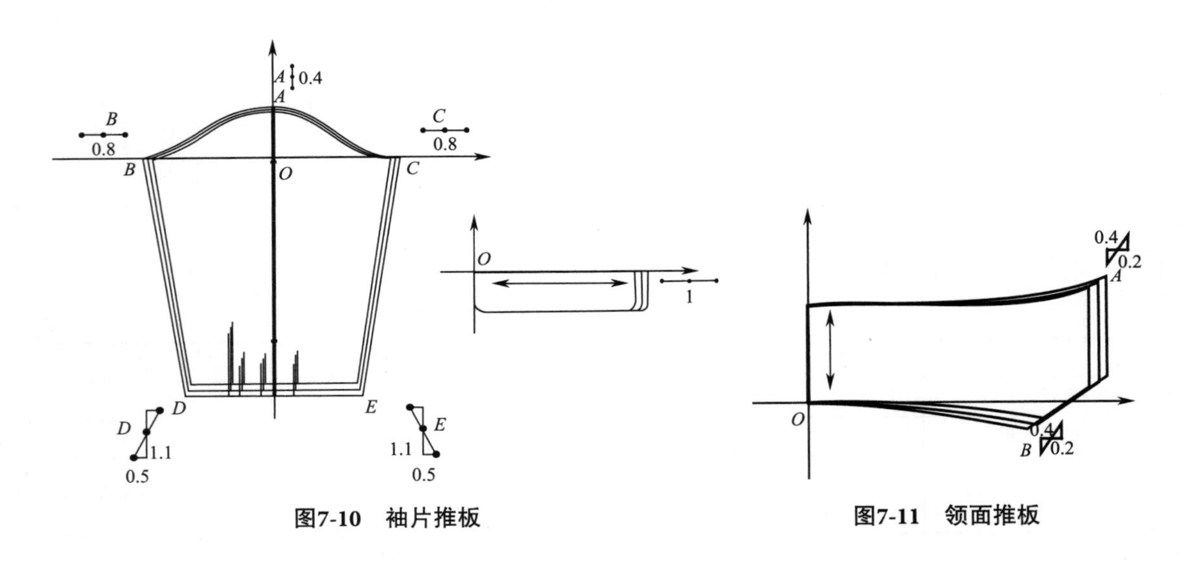

图7-10　袖片推板

图7-11　领面推板

第五部分

特体服装及服装打板修正

第八章

特体服装打板调整与服装弊病修正

本章的重点在于介绍对于特殊体型人群的服装设计，在服装制版中的样型修正以便于满足特体人群的着装要求。对特体人群服装打板中主要需要掌握对于服装版型的调整原理和方法，对服装弊病进行修正，便于操作应用。

第一节　特体分类及服装结构分析

随着时代的改变，人们对物质生活的需求，也改变了对服装的观念，服装不仅仅是单纯的蔽体物件，而是作为一种服饰文化进入人们的生活当中，为人们所用。在满足人类衣着功能的同时按照扬长避短的原则，美化和装饰人体，更好展现人着装后的体态气质。人体骨骼与肌肉的构成形态和发达程度与服装造型关系极大，各种体型的变化或特殊体型，就会引起结构设计中不同的处理方法，从而保证服装的美观、得体。在日常生活中，同样一件上衣或长裤，款式造型和尺寸规格完全相同，有的工厂生产的试样很好，非常的贴体，穿着舒适；有的工厂生产的效果却不尽人意。造成这一现象的主要原因是后者的结构设计不合理、不科学，没有按照人体的体型为科学依据进行具体的学习、分析和研究。虽然服装的制版是根据原型来进行绘制的，但实际上，人体根据年龄、胖瘦等因素，人体体型均有很大差异，所以制版时也要有所考虑，如图8-1所示。

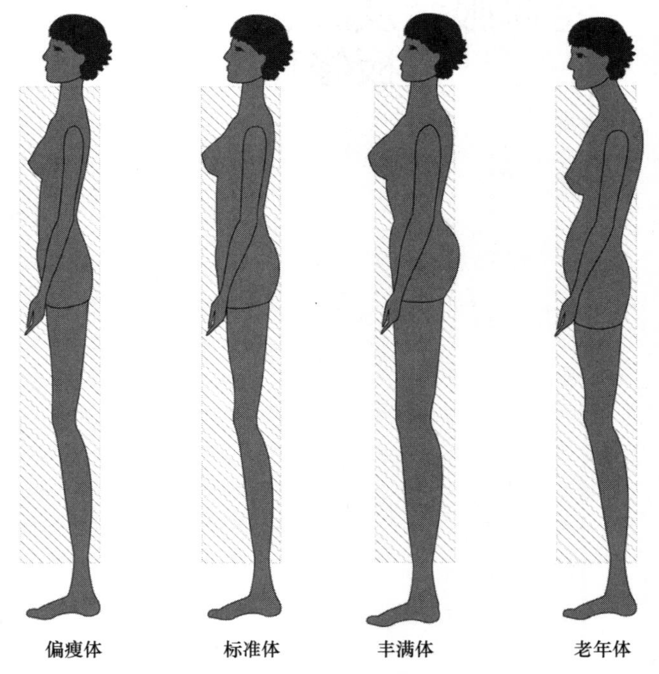

图8-1　人体体型差异

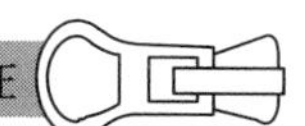

一、特体分类

1. 躯干

（1）挺胸体　也叫鸡胸体，背部挺起，背部较平，胸宽尺寸大于背宽尺寸（正常体中，一般胸宽尺寸小于背宽尺寸）。

（2）驼背体　身体屈身，背部圆而宽，胸宽较窄，在穿着正常体型服装时，会导致前长后短。

（3）厚身体　身体前后厚度较大，背宽与肩宽较窄。

（4）扁平体　身体前后厚度较小，是一种较干瘦的体型。

2. 腰腹部

（1）凸腹体　腹部肥满、凸出。

（2）腰粗体　腰部粗壮，无明显腰部曲线。

3. 臀部

（1）凸臀体　臀部丰满度大。

（2）平臀体　臀部丰满度小。

4. 颈部

（1）短颈　颈长较正常体短，肥胖体和耸肩体型的居多。

（2）长颈　颈长较正常体长，瘦型体和垂肩体型的居多。

（3）粗颈　颈围较正常体粗，肥胖体的居多。

（4）细颈　颈围较正常体细，瘦型体的居多。

5. 腿部

（1）X形腿　腿形呈外撇形。

（2）O形腿　腿形呈内弧形。

6. 肩部

（1）耸肩　肩部较正常体挺而高耸。

（2）垂肩　与耸肩相反，肩部缓和下垂。

（3）高低肩　左右肩不均衡。

二、服装结构设计中对特体型的分析及处理原则与方法

服装成型后，穿在人体上要适身合体，要能充分体现人体的形体美和线条美，而这些款式版型必须通过服装结构的调整来完成和体现其特点，做到扬长避短。

1）前胸宽较窄，后背较宽，为驼背体（含胸体），制版时后片要加长。

2）前胸宽很宽，后背较窄，为挺胸体，制版时前片长加长。

3）身高正常，但测量肩宽很窄，制版时注意落肩量。

4）身材不高，胸围不大，肩却很宽，为垂肩（溜肩体），注意制版的落肩量。

5）腹凸体与腰粗体在制版时要考虑三围的加放量。

6）厚身体与扁平体主要调整袖窿部位的宽度。

7）凸臀体画侧缝弧线时可以正常画或者弧度平滑些，后起翘增加，后腰省加大。

8）平臀体画侧缝弧线时可以正常画或者弧度大些，后起翘减少，后腰省减小。

第二节　服装弊病的修正

一、服装弊病修正的作用

服装设计应参考流行趋势、服装种类和面料特点，其设计要求千差万别。它不仅要求能更好地适合人体，而重要的是造型合理，结构均衡。对于流行的紧身时装，为了能掩饰人体缺点，必须对原型进行修正，合理的修正不仅使穿着者外形优美，而且服装穿着舒适。

原型是基于标准体型来进行各部位的比例分割或采用定寸法绘制的。所以对于一些特殊体型，就不能照搬原来的标准原型。但对于不与人体紧密接触的宽松式服装，其松量多，也可以不修正。服装弊病的修正主要针对合体性较好的服装，就需要对原型的胸宽、背宽和身长进行修正。常出现的特殊体型在后面的图示中进行了其修正方法的说明，这里主要以女士原型为例进行讲解，用以示范原理。它可以为特殊体型的原型修正提供一个很好的借鉴和帮助。每个人的体型差异不同，图示只是给定的一个修正的参考方法，应根据具体情况进行辩证思维。

二、服装弊病修正实例

从对人体观察和测量所得的尺寸资料中可以看出，身材高的人衣服要做的长些，身材矮的人衣服要做的短些；体胖的人衣服要做的肥些，体瘦的人衣服要做的紧些；凸起的部位做的鼓些，凹陷的部位做的凹些；易动的部位做的宽松些，稳定的部位做的紧凑些，这些都是毫无疑义的。对于特殊体型的服装，必须因人而宜地进行一番下功夫的设计，不应对其特殊部位消极地做出简单的增减处理，而应照顾全面、调整局部，施以掩饰、弥补或缓冲的处理手法。常用的处理方法为：调整比例、填平补齐、因势诱导、转化对比等。只有掌握以上几种方法，才能达到使其缺陷不显、虽实而不尖、虽屈而不弯、虽歪而不偏、虽高而不长、虽矮而不短、虽胖而不笨、虽瘦而不显的效果。

下面通过对躯干部、肩部、腰腹部特体制图来介绍服装弊病的修正打板制图原理。

1. 躯干部特体版型修正

以女性为例，根据人体的年龄及其他差异，可以分为如下几种体型，如图8-2所示。

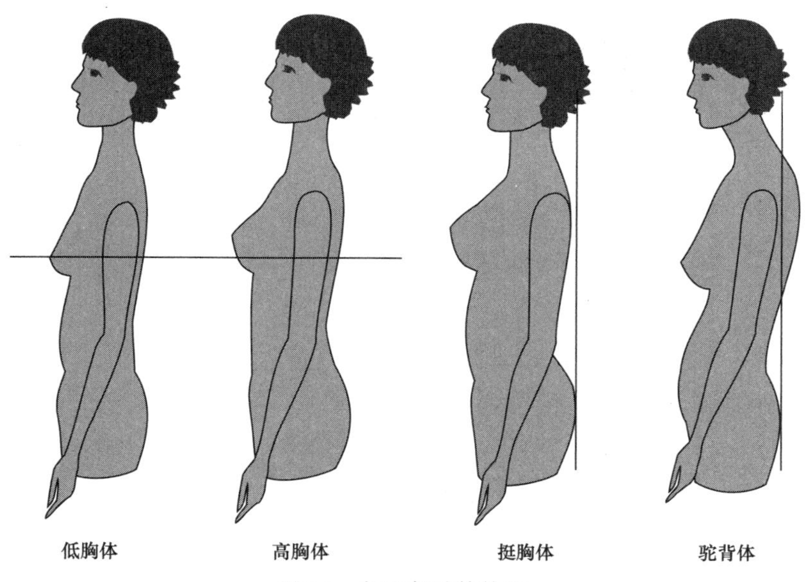

图8-2　躯干部特体体型

（1）低胸体版型修正　前中心线腰节处往上减少一定量，以满足胸部比较扁平、前腰节短的特征，如图8-3所示。

（2）高胸体版型修正　前中心线腰节处向下增加一定量，以满足前腰节长、胸部比较丰满的特征，如图8-4所示。

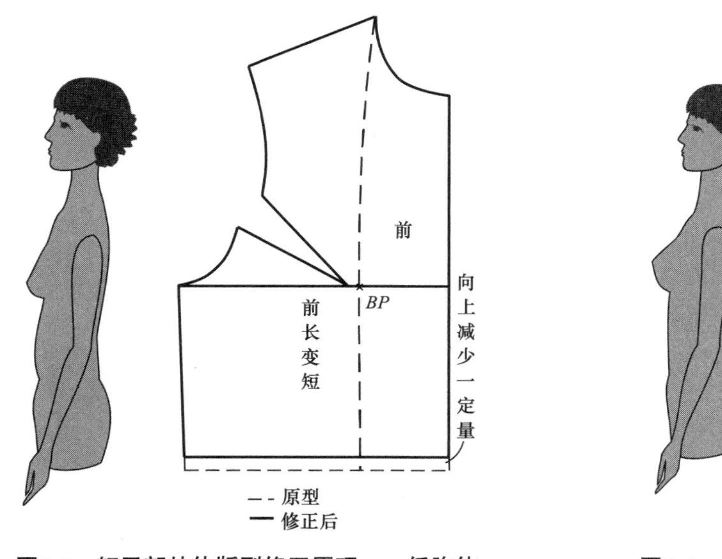

图8-3　躯干部特体版型修正原理——低胸体

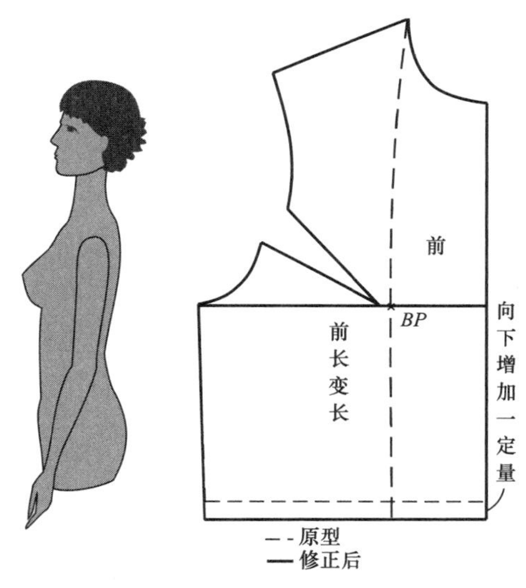

图8-4　躯干部特体版型修正原理——高胸体

（3）挺胸体版型修正　前片的前中心线向下增加一定量，前横开领加大，肩线抬高，胸宽加宽，胸围加大。后片的后横领不变，后直领下降，后肩线下移，背宽变窄，胸围减小，以满足体型特征，如图8-5所示。

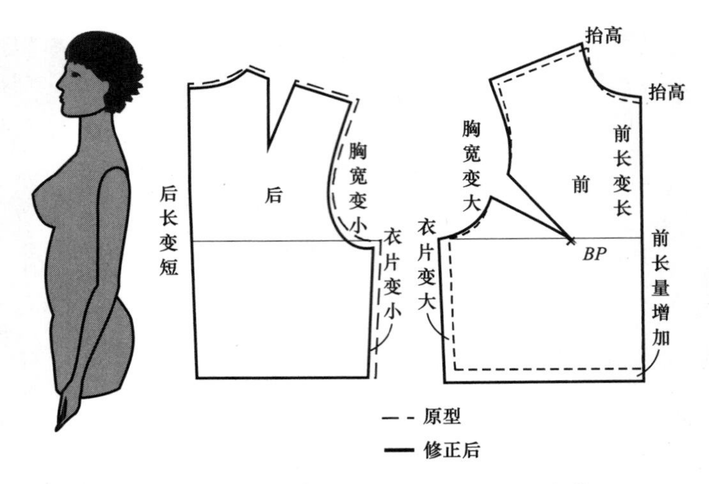

图8-5 躯干部特体版型修正原理——挺胸体

（4）驼背体板型修正 前片的前中心线下端减少0.5~1cm，肩线下移，胸宽变小，胸围减少。后片的肩线抬高，背宽加宽，胸围加大，后领宽加大，以满足体型特征，如图8-6所示。

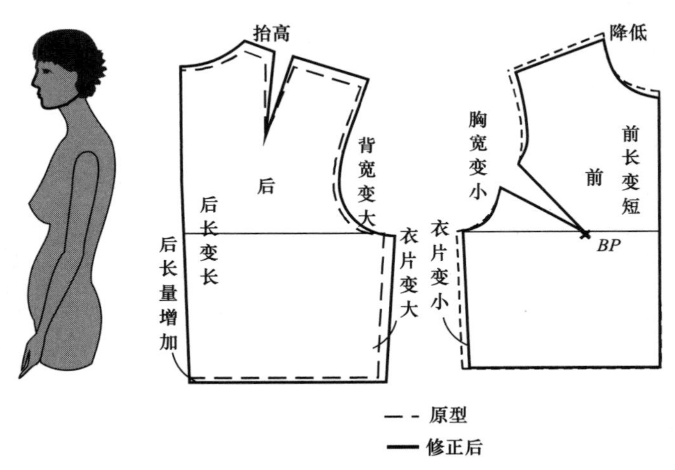

图8-6 躯干部特体版型修正原理——驼背体

2. 肩部特体版型修正

人体的肩部也根据人体骨骼的不同而不同。下面对人体的肩部造型的版型修正进行分析，如图8-7所示。

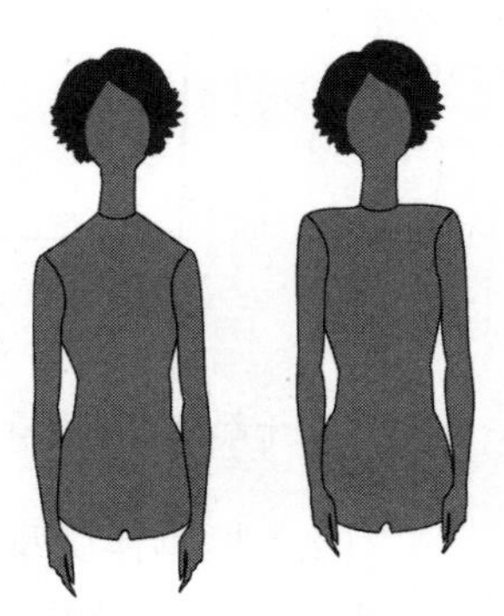

图8-7 肩部特体体型

（1）垂肩体 这类体型纸样修正主要是肩部及袖窿均要向下降，如图8-8所示。

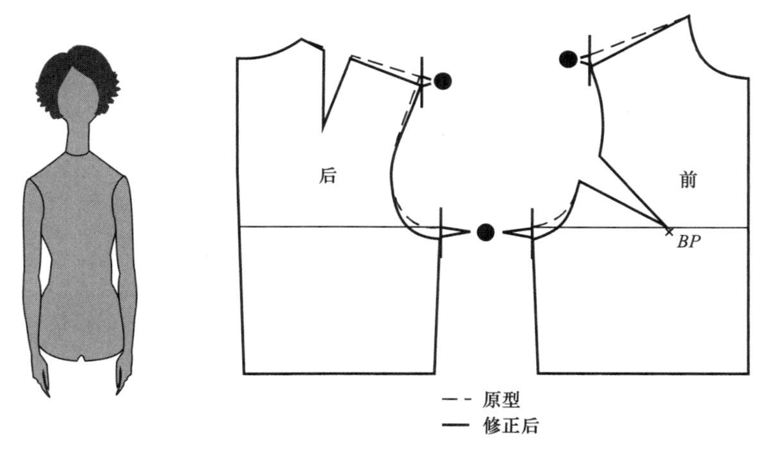

图8-8 肩部特体版型修正原理——垂肩体

（2）耸肩体 也常称为平肩体，这类体型纸样修正主要是肩部及袖窿均要向上抬，如图8-9所示。

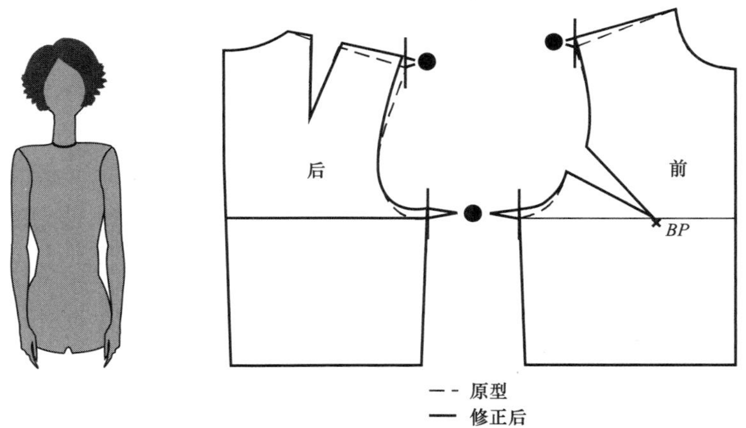

图8-9 肩部特体版型修正原理——耸肩体

3. 腰腹部特体版型修正

由于怀孕等生理变化及随着年龄的增长，人体的腰腹部也会发生变化。下面对人体的腰腹部造型的版型修正进行分析，如图8-10所示。

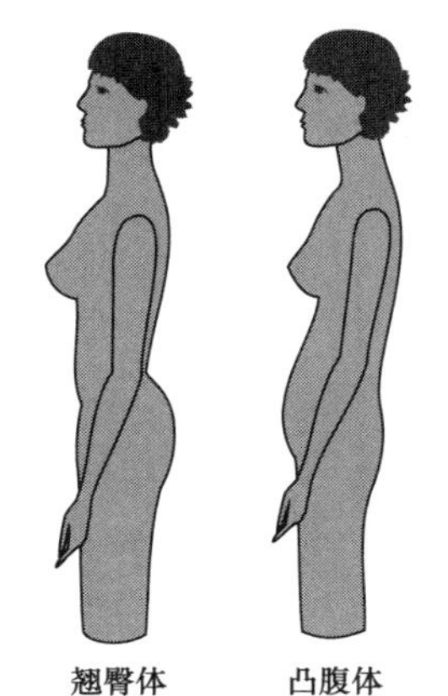

图8-10 腰腹部特体体型

（1）翘臀体 这类体型纸样修正主要在腰腹部侧缝线及省道位置，如图8-11所示。

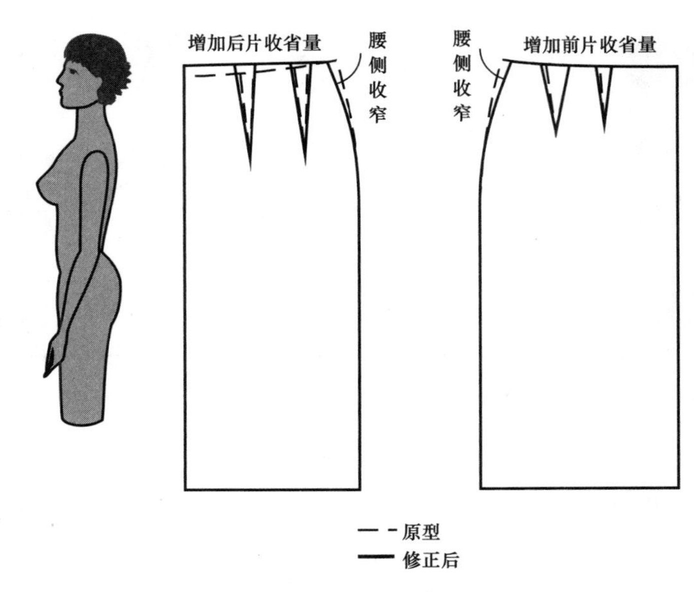

图8-11 腰腹部特体版型修正原理——翘臀体

（2）凸腹体，比较适合怀孕女性人群及中老年人，这类体型纸样修正主要在腰腹部侧缝线及前片省道位置，要加大前片宽度及长度，如图8-12所示。

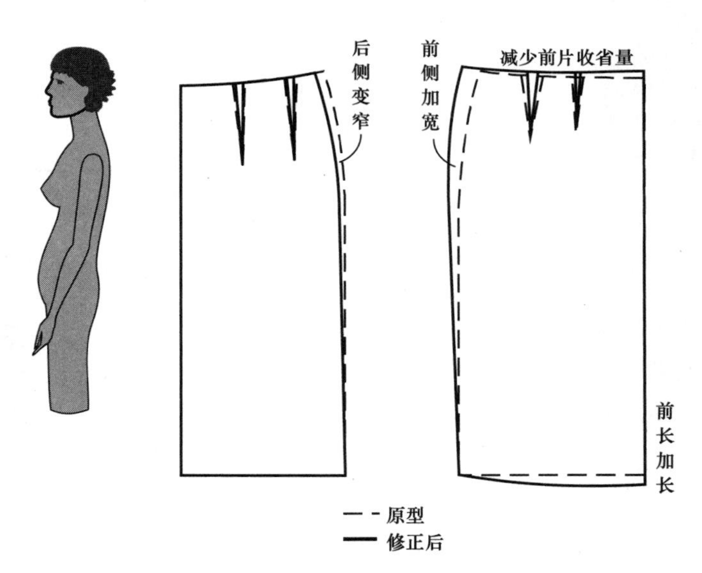

图8-12 腰腹部特体版型修正原理——凸腹体

参 考 文 献

［1］冯翼. 服装技术手册［M］. 上海：上海科学技术文献出版社，2005.

［2］蒋锡根. 服装结构设计——服装母型裁剪法［M］. 上海：上海科学技术出版社，1994.

［3］高鸿. 服装结构设计及其应用［M］. 呼和浩特：远方出版社，2004.

［4］周姝敏，盛国. 服装工业制板与推板［M］. 北京：化学工业出版，2012.

［5］刘东，袁新文. 服装纸样设计：上册［M］. 北京：中国纺织出版社，2001.

［6］焦佩林. 服装平面制板［M］. 北京：高等教育出版社，2003.

［7］张祖芳，纪万秋. 原型法结构设计要领　上海服饰［M］. 上海：上海科学技术出版社，2001.

［8］戴鸿. 服装号型标准及其应用［M］. 3版. 北京：中国纺织出版社，2009.

［9］娄明朗. 最新服装制板技术［M］. 2版. 上海：上海科学技术出版社，2011.

［10］张向辉，于晓坤. 女装结构设计（上）［M］. 修订版. 上海：东华大学出版社，2013.

［11］张文斌. 服装制版 基础篇［M］. 上海：东华大学出版社，2012.